Dr. Florian Ilgen

DIE MACHT DER INTUITION

Dr. Florian Ilgen

DIE MACHT DER INTUITION

Warum Sie im richtigen Moment den Mut
zur Veränderung haben müssen

KOMPLETTMEDIA

MIX
Papier aus verantwortungsvollen Quellen
FSC® C014496
FSC www.fsc.org

Klimaneutral
Druckprodukt
ClimatePartner.com/53248-1903-1006

Originalausgabe
1. Auflage

www.komplett-media.de

ISBN Print: 978-3-8312-0487-8
Auch als E-Book erhältlich

Umsetzung: Jonathan Adler
Lektorat: Redaktionsbüro Diana Napolitano, Augsburg
Korrektorat: Redaktionsbüro Julia Feldbaum, Augsburg
Umschlaggestaltung: Guter Punkt, München
Satz: Daniel Förster, Belgern
Druck & Bindung: GGP Media GmbH, Pößneck

Printed in Germany

INHALT

EINLEITUNG

Früher war die Bühne die Hölle für mich. Heute verdiene ich so als Mentalist und Keynote Speaker mein Geld. Vor anderen Menschen zu sprechen, sie zu berühren und ihren Blick für ihr eigenes Potenzial zu öffnen, ist jetzt meine größte Erfüllung. Früher war ich schüchtern, bin oft rot angelaufen, hatte das Gefühl, nicht gut genug zu sein. Ich fragte mich immer wieder, was die anderen wohl von mir dachten, wenn ich sprach. Damals hatte ich oft wenig Spaß an dem, was ich tat. Als ich aber begann, Spaß zu haben, hat sich alles verändert.

Im Grunde zeichnete sich dieser Zusammenhang schon in der Schule ab. Wenn ich etwas in Physik oder Chemie vortragen sollte, lief das immer super. Weil es Themen waren, über die ich gern sprach. Sie entsprachen meiner Leidenschaft. Empfinden wir Leidenschaft, schütten wir den Hirnbotenstoff Dopamin aus. Dopamin ist im übertragenen Sinne das Gegenmittel zu Adrenalin und Noradrenalin, also das Gegenmittel zu den Stresshormonen, die wir bei Angst ausschütten.

Die Angst beruht meist darauf, etwas verlieren zu können: das eigene Gesicht, Anerkennung, Verbundenheit, Wertschätzung. Wie es dazu kommt und was wir dagegen tun können, ist Thema dieses Buches. Zunächst sei festgestellt: Wenn ich etwas mit Leidenschaft mache, dann bin ich gut drauf. Wenn ich Spaß habe, habe ich auch mehr Zugang zu meiner Intuition. Und die ist die beste Basis für gute Entscheidungen und positive Veränderungen im Leben.

Angst kann die Intuition blockieren. Dann fehlen uns die guten Einfälle. Denn die kommen ja vorzugsweise dann, wenn wir ganz entspannt sind, zum Beispiel unter der Dusche oder wenn wir im Park spazieren gehen. Also immer wenn wir irgendetwas tun, wofür wir kaum bewusste Aufmerksamkeit brauchen, beginnen wir, tagzuträumen und geben neuen Ideen Raum.

Allerdings: Ein Leben, das nur aus Routine besteht, inspiriert uns nicht. Wir brauchen immer mal wieder neuen Input, müssen ab und zu mal etwas anderes sehen. Für Menschen aus der Stadt kann es inspirierend sein, ein paar Tage in den Bergen zu verbringen. Plötzlich sehen sie statt Autos und Hochhäusern das Tal weit unten. Die Sicht ist frei, selbst wenn man sich 360 Grad um die eigene Achse dreht. So tauchen plötzlich ganz neue Ideen auf, und der neue visuelle Input regt das Gehirn an. Wenn wir andere Dinge sehen, denken wir auch anders. Deshalb mache ich bewusst einmal im Jahr einen Monat lang Urlaub, um Raum zu schaffen für gute Ideen. Um der Kreativität Zeit und Platz zu geben.

Gern reise ich dabei an exotische Orte, weil sie so anders sind und die eigenen Überzeugungen und Muster auch einmal herausfordern und auf die Probe stellen. Thailand, Kolumbien, Costa Rica – überall gab es wunderbare Strände, wo ich die Füße hochlegen konnte. Und doch war jeder Ort einzigartig. Wenn man reist, begegnet man Menschen, die positiv eingestellt sind – und anderen, die mit ihrem Leben nicht so glücklich sind.

Wenn etwas seelisch schmerzt, dann möchten viele Menschen lieber nicht so genau hinschauen. Sie befürchten, der klare, unverschleierte Blick auf die Wunde könnte noch mehr wehtun. Vor allem aber würde ein Erkennen des Problems nach einer Lösung verlangen. Viele kennen zwar den Gedanken »Ich würde gern etwas Neues machen«, gleichzeitig wollen sie aber das Alte nicht loslassen. Nach dem Motto: »Ich hätte gern ein Abenteuer, aber sicher soll es sein.« Oder: »Ich würde gern duschen, aber ich will nicht nass werden.« Oder: »Ich würde gern reich werden, aber ich habe keine Lust zu arbeiten.« Oder: »Ich wäre gern erfüllt, aber ich will nicht so genau hinschauen bei mir; ich will die negativen Dinge, die ich aus meiner Vergangenheit noch unnötig mit mir herumtrage, lieber nicht sehen.« Oder: »Ich möchte an einem bestimmten Ziel ankommen, aber die Arbeit, die man dafür hineinstecken muss, emotional, mental, die will ich lieber nicht leisten.« Ohne diese Arbeit geht es aber nicht, denn sie ist so unendlich lohnenswert.

Menschen dazu zu inspirieren ist meine Mission. Eben dazu, sehr wohl hinzuschauen und sich zu überlegen, wozu bin ich geboren? Die eigene Intuition wieder zu spüren. Und dann eine Entscheidung zu treffen, die sie selbst erfüllen und andere bereichern.

Spüren Sie die Freiheit. Spüren Sie, wie viel Kraft Sie haben. Oft ist es weit mehr, als man vermutet hätte. Leben Sie Ihre Leidenschaft, und lieben Sie jeden Tag, an dem Sie aufwachen und sich freuen. Weil Sie ganz bei sich sind. Authentisch, in Ihrer eigenen Wahrheit, Ihren eigenen Überzeugungen und Ihrer Lust aufs Leben.

Alles Gute beim Entdecken und Umsetzen wünscht Ihnen

Ihr
Florian Ilgen

KAPITEL 1

LEBEN SIE DAS LEBEN DER ANDEREN?

Wer will ich sein?

Ich bin das Produkt der Erziehung meiner beiden Schwestern. Als ich zwölf Jahre alt war, hatte ich mal die »spinnerte« Idee, alle Früchte des Orangenzierbäumchens meiner Schwester Kathrin abzuschneiden, das auf ihrer Fensterbank stand. Als sie das unschöne Ergebnis sah, packte sie mich am Schlafittchen, zog mich ins Bad und steckte meinen Kopf ins Klo. Wortwörtlich hat sie mir dort den Kopf gewaschen. Wie man sich gegenüber anderen Menschen verhält, habe ich also früh und eingängig gelernt. Wie man mit sich selbst umgeht – das hat ein bisschen länger gedauert.

Ich war ein unsicherer junger Mann. Als Naturwissenschaftler und Doktor der Chemie hatte ich vor allem meine Ratio entwickelt. Zu meiner Intuition hatte ich im jungen Erwachsenenalter nur wenig Kontakt. So wälzte ich sogar Bücher darüber, wie man am besten Kontakt mit dem anderen Geschlecht aufnimmt – und fand dort Parallelen zur Rhetorik von Sales-Seminaren und zur Vertriebslogik. Nicht dass die dort aufgestellten Regeln nicht funktionieren würden. Ich kam in Kontakt mit Frauen, weckte ihr Interesse – doch die Begegnungen, die daraus entstanden, waren seelisch wenig nahrhaft. Entweder sie blickten fraglos zu mir auf oder versuchten sehr stark, mein Leben zu dominieren. Ich vermisste eine tragende Partnerschaft auf Augenhöhe.

Ich war auf der Suche, im Privaten wie im Berufsleben, doch ich hatte noch wenig Ahnung davon, wo sich mein innerer Kompass möglicherweise verbergen könnte.

Mittlerweile, mit Ende 30, halte ich Vorträge vor Tausenden Menschen. Die Anfragen für einzelne Tage häufen sich so sehr, dass ich oftmals sieben oder acht davon absagen muss, weil ich an einem Tag maximal zwei bis drei Auftritte in einer Stadt annehmen kann. Beziehungen mit anderen Menschen verlaufen authentischer und sind von Wohlwollen geprägt. Was ist passiert? Ich habe meine Intuition gefunden – und dann auch noch gelernt, auf sie zu hören. Inspiriert dazu wurde ich von vielen besonderen Menschen in meinem persönlichen und im öffentlichen Leben, von denen ich Ihnen hier in diesem Buch erzählen möchte.

Das Ziel meiner Arbeit ist es, Menschen zusammenzubringen und zu begeistern. Mit jeder Show und jedem Vortrag möchte ich erreichen, dass Menschen ihr Potenzial ausschöpfen und maximal auf alle Lebensbereiche erweitern. Manche erleben hautnah bei mir auf der Bühne Dinge, die sie so noch nie erlebt haben. Wer sich auf das Abenteuer einlässt, hat dabei sensationellen Spaß. Die Frage ist: Erlauben Sie sich loszulassen, zu vertrauen und mit mir ein Stück auf die Reise zu gehen?

In Deutschland tendiert ein großer Teil der Menschen zu mehr oder weniger häufigen depressiven Verstimmungen. Dahinter stecken Leistungs- und Perfektionsansprüche – und noch einiges mehr, das später noch angesprochen wird. Perfektion schließt jedoch Zufriedenheit aus. Wer perfekt sein will, wird sein Ziel nie erreichen. Ich selbst bin zwar perfektionistisch in Bezug auf die Leistungen auf der Bühne, mit diesem Anspruch belaste ich aber nicht mein gesamtes Leben. Manchmal darf es beispielsweise bei mir zu Hause auch chaotisch aussehen, wenn ich viel zu tun habe. Während mir bei meiner Homepage die korrekten Zeilenabstände sehr wichtig sind, mache ich im Urlaub gern Rucksackreisen und laufe am liebsten in Flip-Flops durch die Gegend. Ich liebe den lockeren Laissez-faire-Stil, bin also nur punktuell perfektionistisch.

In Deutschland schätzen wir die Leistung, das ist ein Wert, den wir gelernt haben. Er hat uns dahin gebracht, wo wir jetzt sind. Problematisch wird es allerdings, wenn wir uns dabei stur und festgefahren verhalten. Wenn wir nicht spielerisch wie Kinder auskundschaften und ausprobieren, was möglich ist, sondern gleich das große, perfekte Ziel erwarten. Das hält uns oftmals davon ab, unseren Wünschen und Träumen nachzugehen. Der Gedanke, dass der erste Entwurf gleich perfekt sein müsste.

Zwei Faktoren lassen uns superschnell, supereffizient depressiv werden. Wir vergleichen unsere Leistung mit der anderer, allerdings mit dem Blick von außen. Dabei sehen wir aber nicht, was jemand geleistet hat, wie viel Energie er dort hineingesteckt hat, um am Ende die Früchte seiner Arbeit zu ernten. Wir sehen bloß die Früchte und stellen fest: Ich will die auch, ich habe die aber nicht. Das ist der erste Denkfehler. Der zweite: Wir fokussieren uns auf Dinge, die wir noch nicht haben, statt das wertzuschätzen, was wir haben. Diese beiden Denkweisen in Kombination sind das beste Mittel für schlechte Laune.

Dagegen angehen können wir, indem wir uns die Frage stellen: Was wollen wir eigentlich? Ich frage Sie: Welche Lebensqualität wollen Sie in Ihrem Leben haben? Und stimmt bereits alles, oder gibt es ein paar Schrauben, an denen gedreht werden müsste? Ob es Zeit ist, sich zu verändern, sagt uns unsere Intuition. Wenn wir nicht hinhören wollen, kommuniziert sie notfalls über unseren Körper. Die Seele sagt: »So, auf das, was wir gerade durchmachen, habe ich keine Lust mehr. Dafür stecke ich nicht in diesem Körper drin.« Das sagt die Seele dem Unterbewusstsein. Und das Unterbewusstsein schaut, was es machen kann. Vielleicht bekommt diese Person einen Hautausschlag, nimmt unkontrolliert zu, weil sie beispielsweise einen Mangel an menschlicher Bindung mit Süßem kompensiert. Die Augen werden matter, sie funkeln nicht mehr. Die Haare reagieren, hängen schlaff herunter oder fallen gleich ganz aus. Und einer der häufigsten Wege, wie sich die Seele ausdrückt: Bauchweh. Der Magen krampft oder auch der Darm. Manche Menschen können dann nur noch wenig essen, werden ganz dünn und verlieren ihre Widerstandskraft.

In unserem Bauch residiert ein gigantisches Nervensystem, das im ständigen Austausch mit unserem Gehirn steht. Deshalb fühlen wir so viele Emotionen so intensiv im Bauch, beispielsweise auch wenn wir verliebt sind und die Schmetterlinge flattern. Unsere Intuition meldet sich immer erst als zartes Gefühl. Ignorieren wir sie, sorgt sie in einer unguten Situation für erstes Unwohlsein oder sogar Schmerzen. Hören wir dann immer noch nicht hin, steigert sie die Intensität der Signale weiter. Vielleicht können wir nicht so viel essen wie zuvor, und der Magen beginnt, von Zeit zu Zeit zu krampfen. Im Extremfall kann es sogar sein, dass sich dieser Mensch spontan übergibt.

Das Grundproblem liegt in diesem Fall an mangelnder Achtsamkeit. Ich glaube, wenn jemand achtsam ist, dann ist er es nach innen und außen. Achtsamkeit funktioniert nicht eingleisig. Wenn wir uns selbst mehr wahrnehmen, nehmen wir auch automatisch unsere Mitmenschen intensiver wahr. So habe ich es selbst erlebt. Zu Beginn meiner Selbstständigkeit ging ich zu einem Coaching, um herauszufinden, wie ich meine Geschäftsidee am besten vorantreibe. Meine Fragen schienen schlicht: Wie kriege ich mehr Aufträge? Und wie bekomme ich mehr Folgeaufträge? Durch dieses Coaching allerdings zeigten sich mir alle Dimensionen von Erfolg. Hier spielt eben auch das Private hinein, das Zwischenmenschliche, die Prägung meiner Vergangenheit, die teilweise noch meine Erfolge im Jetzt blockierte. Und zum ersten Mal stellte ich mir ganz bewusst die Frage: Wofür bin ich eigentlich da?

Wer nur vor sich hin lebt, bleibt passiv. Er agiert Muster aus, die er oder sie von anderen übernommen hat. Ob sie überhaupt zu diesem Menschen passen, ist eine ganz andere Frage. Leider hinterfragen bisher nur wenige, was sie eigentlich tun. Deshalb erleben wir so viel Frust auf der Welt. So viel Aggressivität und noch mehr Passiv-Aggressivität, wo Menschen mit Sticheleien und kleinen Seitenhieben versuchen, ihren eigenen Frust auf andere zu schieben. Auch Suchterkrankungen haben oft ihre Wurzel in einem ungelebten Leben – und in ungeweinten Tränen.

Wir haben zwei Möglichkeiten: Entweder lassen wir den Leidensdruck unglaublich hoch werden, bevor wir in die Veränderung gehen.

Oder wir sind inspiriert und gehen in Vorleistung. Wohin das führen kann, zeigt das Beispiel Google. Diese Firma ist immer wieder in Vorleistung gegangen, hat Produkte auf den Markt gebracht, die teilweise unrühmlich krepiert sind. Auf dem Google-Friedhof liegen unter anderem das kürzlich gescheiterte soziale Netzwerk Google+, Alternativen zu Wikipedia sowie Google Video, mit der YouTube Konkurrenz gemacht werden sollte. Das hat aber nicht geklappt. Was lernen wir daraus? Wenn eine oder auch mehrere Geschäftsideen versagen, heißt das nicht, dass der Ideengeber ein Versager ist. Google-Gründer Larry Page soll mit seinen 45 Jahren 2019 ein Vermögen von 43,9 Milliarden Euro angehäuft haben.[1] Der Informatiker hatte in den Neunzigern den grundlegenden Algorithmus erfunden, auf dem Google basiert. Seitdem hat sich Google nicht auf seinen Lorbeeren ausgeruht, sondern sich immer wieder selbst herausgefordert – und hat mit Produkten wie Google Maps weitere Riesenerfolge eingefahren. Das ist ein grundlegendes Prinzip, das auch jeder von uns beherzigen kann. Um zu erfahren, was funktioniert und wofür wir brennen, müssen wir Dinge einfach mal ausprobieren.

Dazu müssen wir zunächst die Verantwortung für uns selbst übernehmen. Als Erwachsene tragen wir zu 100 Prozent die Verantwortung für uns selbst. Wer über andere lamentiert, schiebt die eigene Verantwortung von sich. Klingt radikal, ist aber so. Sicher, es gibt Momente, die wir nicht beeinflussen können. Bei einem Unfall etwa oder bei einem Überfall, wenn man von der Absicht eines anderen Menschen überwältigt wird. Das sind furchtbare Situationen, aber ihr Anteil an unserem täglichen Erleben ist sehr gering. In den allermeisten Fällen ist es so: Interpretation erschafft Wirklichkeit. Gab es ein Schlüsselerlebnis in der Kindheit, war die Beziehung zu den Eltern suboptimal, haben Vater oder Mutter irgendetwas zu Ihnen gesagt, das Sie damals negativ interpretiert haben? Hat beispielsweise der Vater gesagt: »Du musst dich mehr anstrengen«, und Ihnen kam der Gedanke: »Ich bin nicht gut genug, mein Vater liebt mich nicht, bin ich ein Versager?« Das ist Ihre Interpretation. Nur selten und in bedauerlichen Familienverhältnissen nennen Eltern nämlich ihre Kinder tatsächlich »Versager«. Und doch fühlen sich so viele Menschen so schwach. Weil sie sich durch ihre eigene Interpretation der Dinge selbst schwächen, bis weit ins Erwachsenenalter hinein.

Aus unseren Interpretationen ziehen wir Erkenntnisse. Diese (vermeintlichen) Erkenntnisse färben die Brille, mit der wir unsere Welt sehen. So kann es beispielsweise sein, dass eine Frau im Zuge einer negativen Beziehungserfahrung mit einem Mann ihre Männerbrille einfärbt und schlussfolgert: Männer taugen alle nichts. Und nun der Effekt: Diese Frau wird Männer tatsächlich auf diese Weise erleben. Sie sieht sie durch diese Brille und sammelt Belege für ihren Glaubenssatz. Nette Männer werden übersehen oder so stark herausgefordert, bis sie ratlos das Handtuch werfen. Das muss nicht sein. Wir können unsere eingetrübten Brillen wieder gegen einen klaren Blick eintauschen, indem wir verstehen, wie das Unterbewusstsein und unsere Intuition überhaupt funktionieren.

Was ist Intuition überhaupt?

Es war Dr. Joseph Murphy (1898–1981), der die Intuition in die öffentliche Debatte holte. Sein Bestseller »Die Macht Ihres Unterbewusstseins« von 1962 verkauft sich immer noch gut. Murphy vertrat das Positive Denken als Heilmittel für negative Zustände. Diese Sichtweise ist inzwischen zwar längst überholt, doch er warf auch einige interessante Dinge in den Raum.

Murphy zufolge entsteht durch die Begegnung des Bewussten und des Unterbewussten unser Bauchgefühl – und noch eine Reihe weiterer körperlicher Reaktionen. Dabei ist das Ziel unseres Körpers immer, eine Balance, eine Harmonie herzustellen, in der alle Anteile unseres Selbsts im perfekten Verhältnis zueinander stehen und sein dürfen. Organisch gesehen ist das der Zustand von Gesundheit, gewissermaßen also der Normalzustand. Dysbalancen in unserem Bewusstsein und Unterbewusstsein hingegen können das gesamte Körper-Geist-System belasten.

Mittlerweile ist nachgewiesen, dass unser Unterbewusstsein einen großen Effekt auf unseren körperlichen Zustand hat. Der portugiesische Neurowissenschaftler und Bewusstseinsforscher António Demásio beschreibt die Auswirkungen einer Intuition so: Im Unterbewusstsein sitzt quasi ein riesiges Archiv mit all unseren Erfahrungen. Das Erfahrungsgedächtnis teilt mit der vegetativen Regulation des Herzschlags, des Blutdrucks, der Muskelspannung und der Schweißabsonderung mit, auf was sich unser System gerade einstellen muss: Aktion oder Entspannung. Mit anderen Worten: Unser Unterbewusstsein sagt uns Bescheid, ob wir weiter voranschreiten oder lieber anhalten sollen.

Im Bauch selbst sitzt eine Art zweites Gehirn. Hauchdünn zwischen den Muskellagen durchziehen Nervenzellen und -stränge den Darm. Deshalb spüren wir unsere Gefühle so oft und intensiv im Bauch. Genau genommen ist das Nervensystem in unserem Bauch unser erstes Gehirn, argumentiert der französische Neurogastroenterologe Dr. Michel Neunlist von der Universität Nantes.[2] Denn primitive Mehrzeller bestanden zunächst nur aus einem Verdauungskanal, aus dem sich dann das sogenannte enterische (also das »Darm«-)Nervensystem entwickelt hat. Die Evolution setzte dann noch unser Kopfgehirn obendrauf, was sich zusammen mit der Ausbildung von Augen und Ohren als vorteilhaft für die Nahrungssuche erwies. Hätte die Natur es bei dem enterischen Nervensystem belassen, würden wir bis heute unsere gesamte Energie nur für die Nahrungsaufnahme und Verdauung aufwenden und definitiv keine Bücher schreiben oder lesen.

Welches »Gehirn« indes für was zuständig ist, scheint allerdings nicht immer eindeutig geklärt. Beide Nervensysteme sind über den Nervus vagus verbunden, quasi die Datenautobahn für Botschaften zwischen Kopf und Bauch. Um ihre Botschaften zu verschicken, benutzen die Nervenzellen des Gehirns und des Darms dieselben Neurotransmitter, beispielsweise das berühmte Serotonin. Im Kopfgehirn gilt Serotonin als Wohlfühl-Botenstoff. Im Bauch reguliert der Neurotransmitter den Rhythmus der Verdauungstätigkeit und des Immunsystems. Es hat auch noch eine Reihe weiterer Aufgaben: Bei jungen

Müttern reguliert Serotonin beispielsweise die Bildung von Muttermilch. Wohl deshalb haben Kulturen über alle Epochen verstanden, dass frisch gebackene Mütter besonderen Schutz und die Zuwendung ihres sozialen Umfelds brauchen, damit sie ihr Baby gut nähren können.

Die Wiege des Serotonins ist der Magen-Darm-Trakt. Hier werden 95 Prozent des Botenstoffs produziert. Im Kopfgehirn wirkt Serotonin vor allem auf den Hypothalamus. Diese Region gehört zum sogenannten limbischen System, in dem Gefühle stehen und ihren Ausdruck suchen. Der Hypothalamus übersetzt sie in körperliche Gefühle – und eben somatische Marker, wie Demásio sagte. Bauch und Kopf stehen dabei im ständigen Wechselspiel miteinander. So nimmt laut Prof. Michael D. Gershon von der Columbia University in New York unser Bauch, genauer gesagt das enterische Nervensystem, auf unsere Gefühle Einfluss, indem es Signale an unser Gehirn schickt. Diese Botschaften laufen immer unterbewusst, können aber die Wahrnehmung unserer Umwelt verändern.

Durch die Verlegung einiger Aufgaben in die Peripherie, so argumentiert Prof. Michael D. Gershon, arbeitet das Kopfgehirn effektiver. Vergleichen Sie es mit einem Computer an Ihrem Arbeitsplatz: Dort haben die meisten nur den Monitor auf dem Schreibtisch, während der dicke Prozessor selbst unter dem Schreibtisch steht. Was der Computer im Hintergrund alles berechnet – das wollen nur wenige Nerds genau wissen, die eben hier ihr Talent und ihre Leidenschaft finden. Gut, dass es sie gibt! Und danke, dass sie mir ermöglicht haben, dieses Buch zu schreiben.

Mittlerweile haben Forscher festgestellt, dass sich Bauch- und Kopfgehirn so stark ähneln, dass möglicherweise sogar die Ursachen für neurologische Erkrankungen wie Depressionen oder Parkinson im Bauch liegen könnten. So wiesen Neurologen um Dr. Michel Neunlist 2006 nach, dass Parkinson auch im Bauch festgestellt werden kann. Bei einer Darmbiopsie weisen die Nervenzellen im Bauch dieselben parkinsontypischen Schäden auf wie im Gehirn. Das zweite Gehirn im Bauch hat jedenfalls alles, was ein integratives Nervensystem braucht.

Michael Schemann, Professor für vegetative Physiologie, schätzte es in einem Artikel der Zeitschrift Geo so ein: »Man kann sagen, das Darmhirn denkt.«[3]

Fassen wir zusammen: Das enterische Nervensystem und unser Kopfgehirn sprechen also dieselbe Sprache, nutzen dieselben Kommunikationskanäle und teilen denselben embryonalen Ursprung.[4] Neben dem Serotonin strömen noch sämtliche weitere Botenstoffe des Kopfgehirns ebenfalls durch das Nervensystem im Darm: Dopamin, Gamma-Aminobuttersäure (GABA) sowie noch 27 andere. Den Vagusnerv, der als neuronale Verbindung zwischen beiden »Gehirnen« verläuft, hielten Mediziner lange für eine Art Sprachrohr »Kopf an Darm«. Heute weiß man, dass die Priorität genau andersherum liegt: Nur rund zehn Prozent der Informationen fließen von oben nach unten. 90 Prozent funkt hingegen das Darmhirn an die Kommandozentrale im Kopf![5]

So kommt es, dass wir eine wohlige Wärme im Bauch spüren, wenn es uns seelisch gut geht. Schlägt uns allerdings etwas auf den Magen, ist das ein Signal, das man nicht ignorieren sollte. Denn unserem »Darmhirn« mit über 100 Millionen Nervenzellen sollte man zumindest einmal zuhören, was es zu sagen hat. Es kann uns davor bewahren, Krankheitssymptome zu ignorieren. Es kann uns auch davor schützen, uns in gefährliche oder belastende Situationen zu begeben. Und je nachdem, wie sehr wir uns von unserer eigenen Wahrheit und dem, was uns guttut, entfernen, desto vehementer wird das enterische Nervensystem Warnsignale schicken.

So weit, so gut, aber wie kommt man eigentlich an seine Intuition heran, wenn man sich über Jahrzehnte daran gewöhnt hat, sie möglichst wegzudrücken?

Wie komme ich mit mir selbst in Kontakt?

Wenn ich die Leute frage: »Was wollen Sie machen, was ist Ihre Vision?« Dann sagen manche von ihnen: »Ich habe keine.« Darauf antworte ich: »Stellen Sie sich vor, auf Ihrer linken Schulter landet eine Fee, die flüstert Ihnen ins Ohr: ›Egal was Sie jetzt machen, Sie werden damit finanziell erfolgreich sein. Es darf alles sein.‹ Die Fee garantiert Ihnen den finanziellen Erfolg mit Ihrer Idee. Was würden Sie der Fee sagen?«

Diese Fee ist eine Metapher, die Leute geben sich mit diesem Bild die Erlaubnis zu träumen. Eine Fee ist schließlich ein Fabelwesen, und deshalb ist das Ganze ja nur ein Spiel. Auf der linken Schulter sitzt sie deswegen, weil diese Körperseite mit unserer rechten, kreativen Gehirnhälfte verstärkt in Verbindung steht. Auf diese Weise kommt die Wahrheit ans Licht. Weil die Leute plötzlich nicht mehr ihrem Muster verhaftet sind, diesem »Nein, das klappt doch eh nicht«. Da ich im Konjunktiv frage »Was *würden* Sie der Fee sagen?«, beginnen die Leute, dem Fabelwesen, das sie nun fast tatsächlich auf ihrer Schulter spüren, zu erzählen, was sie gern hätten. Plötzlich sind sie voller Ideen, konkret und ausgefeilt.

Bei einer Frau während meiner öffentlichen Bühnenshow war der Effekt geradezu sensationell. Danach kamen Zuschauer auf mich zu und sagten, sie hätten Gänsehaut bekommen. Ich fragte diese Dame nach ihrem Herzenswunsch und sah, wie sie schluckte. Dann sagte sie, sie würde gern eine Berufung finden. Also schrieb ich auf: »Berufung finden.« Sie kam auf die Bühne, und ich gab ihr einen Umschlag. Ich sage in solchen Momenten immer: »Das Ganze ist ein Déjà-vu, und im Vorfeld habe ich bereits intuitiv erfahren oder eine Eingebung gehabt, was heute, an diesem Abend passieren wird.« Sie saß also auf der Bühne, und dann sagte ich: »Martina *(Name geändert)*, die Berufung wollen Sie finden. Was wäre Ihre Berufung?« – »Keine Ahnung.« Nun kam das Spiel mit der Fee und ich sagte: »Schließen Sie die Augen, und erzählen Sie mal.« Auf einmal legte sie los, erzählte von einem Begegnungszentrum, das sie gründen wolle. Und sie hätte schon den kompletten Plan zur Umsetzung.

Und noch vor wenigen Augenblicken hatte sie ja gesagt: »Mir fällt nichts ein.« Kaum kommt die Fee vorbei, öffnet sich das Tor, und sie erzählt. Ich sagte: »Martina, öffnen Sie Ihre Augen wieder. Ich frage einfach mal ins Publikum – wer von Ihnen glaubt denn, dass Martina mit ihrer Idee erfolgreich sein wird?« Alle applaudierten wild. Martina stiegen die Tränen in die Augen. Sie spürte, dass alle Anwesenden im Saal bei ihr waren und an sie und ihre Idee glaubten. Ich habe ihr dann alles Gute für ihr Vorhaben gewünscht. Sie weiß nun: Wenn sie ihrer Leidenschaft nachgeht, dann wird es funktionieren. Sie weiß es, weil sie es gespürt hat. Ich war in diesem Moment selbst sehr emotional und stand kurz davor, Tränen zu vergießen. Denn genau das ist meine Vision. Ich will, dass die Menschen ihr Potenzial ausschöpfen, statt es zu vergeuden. Dass sie nicht quasi umsonst auf die Welt gekommen sind, sondern ihren Träumen nachgehen und damit die Welt auch zum Besseren verändern. Jeder und jede mit ihren eigenen individuellen Talenten und Fähigkeiten.

Vor jeder Show meditiere ich. Ich setze mich hin, Hände auf die Schenkel, und lehne mich zurück auf dem Stuhl. Meistens höre ich dabei ruhige Musik, ohne Gesang, einfach nur Klänge. So kann ich hektische Geräusche aus meiner Umgebung ausblenden. Augen zu, einatmen, ausatmen. Mit jedem Einatmen spüre ich, wie die Füße fest auf dem Boden stehen. Ich stelle mir vor, wie ich Energie aus dem Boden langsam in meinen Körper hineinziehe. Dann stelle ich mir weiter vor, ich stünde an einer Wendeltreppe und liefe sie hinunter bis in den Keller. Das ist ein Verfahren, das auch in der Hypnose angewendet wird. Mit jedem Schritt, den ich mental mache, werde ich entspannter. Und während ich diese Wendeltreppe hinuntergehe, höre ich schon, wie mir die Leute sagen: »Coole Show, vielen Dank.« Und ich antworte: »Vielen Dank« und spüre die Liebe für mein Publikum. Ich sehe den Kunden, der mich gebucht hat. Diesen umarme ich, bedanke mich und spüre die Liebe für ihn. Und dieser sagt wiederum: »Vielen Dank, das war eine tolle Show.« Schließlich sind bei dieser Visualisierung auch noch meine Eltern da. Auch sie umarme ich, bedanke mich und sage, dass sie alles richtig gemacht haben bei meiner Erziehung. Und schließlich danke ich Gott, dass ich in meinem Leben genau das machen darf, worauf ich Lust habe. Dann wende ich mich mental einem Aufzug zu, steige ein, drücke den Knopf nach oben. Während der Aufzug hochfährt, richte ich mich auf, alles vibriert, alles bebt. Ich lande bei dieser Visualisierung direkt auf der Bühne, öffne die Arme, mache die Augen auf und muss breit lächeln. Ich bin bereit!

Diese Technik nennt man positive Visualisierung. Sie wird von Managern genutzt, von Bühnenmenschen und Spitzensportlern. Wer sich allerdings ausmalt, was alles schiefgehen kann, der schafft eine negative Visualisierung. Die ist leider mindestens genauso wirksam wie die positive. Denn das Unterbewusstsein wird als treuer Diener das liefern, was dieser Mensch bestellt hat.

Visualisierung führt zu einer Spirale, nach unten oder nach oben. Wir selbst bestimmen, in welche Richtung es geht. Unser Unterbewusstsein liefert, unser Körper reagiert. Haben Sie sich erzählt, was alles schiefgehen kann, wird Ihr Gesicht fahl werden, und Sie werden rote Augen bekommen oder Augenringe oder sogar dunkle Flecken – unser Körper ist clever und kreativ darin, sich selbst auszudrücken. Wenn Sie dann noch mit hochgezogenen Schultern herumdrucksend vor anderen Leuten stehen, haben Sie sich selbst unsicherer in ihrer Sache dargestellt, als Sie eigentlich sind.

Durch die Meditation habe ich mein Unterbewusstsein auf Erfolg programmiert, darauf, dass die Dinge laufen wie gewünscht und dass die Menschen begeistert sind. Natürlich kommt es trotzdem immer mal wieder vor, dass die Dinge eben nicht so laufen, wie sie sollen. Vielleicht klappt die Telepathie zwischen den Gästen nicht, oder die Technik fällt aus. Zu Beginn meiner Karriere war ich dann genervt. Heute mache ich einfach weiter. Sage: »Petra und Peter[6] haben alles richtig gemacht, meine Damen und Herren, die Telepathie hat nicht geklappt. Geben Sie den beiden bitte einen Riesenapplaus. Danke, Petra, danke, Peter. Da muss ich irgendetwas falsch gemacht haben.« Ich nehme es also auf meine Kappe, und das Interessante ist: Das Publikum vergisst ganz schnell wieder, was nicht funktioniert hat, wenn ich es nicht mehr anspreche. Das nennt man selektive Wahrnehmung. Wenn man diesen Effekt kennt, kann man auch als Bühnenperformer einiges lockerer nehmen.

»Für mich ist Geld nicht die Definition von Erfolg. Erfolg ist, Menschen zu inspirieren.«

Kanye West, *1977
Rapper, Sänger, Musikproduzent und Modedesigner

Manchmal spreche ich vor Tausenden Menschen. Das fühlt sich intensiv an und auch wahnsinnig gut. Kurz rast dann das Herz, aber ich liebe dieses Gefühl, weil es so lebendig ist. Ich liebe es, auf Bühnen zu stehen und Menschen zu begeistern. Sie wieder die Dinge mit Kinderaugen sehen zu lassen. Sie emotional abzuholen und ihnen die Möglichkeit zu geben, sich zu öffnen.

Was für ein Unterschied zu meinen Anfängen auf der Bühne. Weil ich mich unsicher fühlte, stellte ich mir damals vor: Was mache ich, wenn die Leute sagen, es war schlecht? Wie fühlt sich das an? So schuf ich eine wahrhaft lebendige Vorstellung vom Scheitern. Das war schon fast eine Form der Selbstsabotage, denn solche Vorstellungen ziehen uns nach unten, wir finden die richtigen Worte nicht, und das gesamte körperliche und geistige System reagiert. Das Vokabular aus unserem Mund ist negativ gefärbt, irgendwie ist alles doof, vielleicht vergessen wir den Text oder haben zumindest Angst davor, ihn zu vergessen. Die Wahrscheinlichkeit, dass genau das passiert, steigt dabei. Wer mit einer solchen mentalen Haltung die Bühne betritt, steht dann eben auch körperlich komisch da, schief und krumm. Die Stimme wird anders, das System reagiert psychosomatisch. Unter Umständen schnürt es einem sogar die Kehle zu. Deswegen gilt auf der Bühne wie auch im Büro oder in anderen aufregenden Situationen: einfach mal machen. Reden Sie sich ein, dass die Leute Sie lieben werden. Das Lustige ist, sie tun es dann wirklich.

Um bei anderen Leuten gut anzukommen, muss man nicht besonders schön, toll oder sonst irgendetwas sein. Oftmals sind es gerade die offen gezeigten Schwächen, die besonders verzaubern und mitreißen können. Weil jeder von uns Schwächen hat und deshalb auf irgendeiner Ebene in Resonanz dazu gehen kann. Wir lieben es, wenn jemand uns Mut macht. Wenn jemand uns wieder den Glauben daran schenkt, dass wir alles schaffen können, egal wie miserabel die Ausgangslage erst einmal aussieht.

Ein weltweit berühmter Sprecher und Motivationsredner ist beispielsweise Nick Vujicic. Der Australier wurde 1982 ohne Arme und Beine geboren. Dennoch fährt er Skateboard, er surft, schwimmt, spielt Golf, ist Fallschirmspringer und reist um die Welt. Mittlerweile ist Nick auch stolzer Vater zweier Söhne und zweier Töchter, die er mit seiner umwerfend schönen Frau Kanae bekommen hat. Nick lebt ein wahrhaft erfülltes Leben.

Jeder von uns hat Gepäck dabei, und jeder kann etwas darüber erzählen. Jeder von uns hat die Möglichkeit, andere Menschen mit einer ganz eigenen Story zu inspirieren. Dazu muss man oft erst einmal in sich gehen, schließlich sind die meisten von uns Meister im Verdrängen. Doch die Geschichten sind noch da und wirken im Hintergrund.

Mein Freund Max, ebenfalls ein Keynote Speaker, erzählte einmal von seinem Vater. Max war etwa zwölf Jahre alt und saß mit seinem Bruder hinten im Auto. Sie fuhren an ein paar Skateboardparks vorbei, und Max rief aufgeregt: »Papa, Papa, können wir dahin? Ich will Skateboard fahren.« – »Ja, warum denn?«, fragte der Vater. »Das kannst du doch gar nicht.« Dieser Satz hat Max lange geprägt. Neues auszuprobieren und sich Dinge einfach mal zuzutrauen, fiel ihm lange schwer. Doch mittlerweile hat er den daraus entstandenen Glaubenssatz erkannt und aufgelöst. Mit dieser Geschichte spricht er so vielen Männern und Frauen aus der Seele. Es sind die alltäglichen Dinge, die unser Leben wesentlich in eine bestimmte Richtung steuern, wenn wir sie nicht hinterfragen. Und wir haben alle etwas erlebt. Sogar ziemlich viel.

»Nicht Erfolg ist der Schlüssel zum Glück,
sondern Glück ist der Schlüssel zum Erfolg.
Wenn du gern tust, was du tust,
wirst du auch erfolgreich sein.«

Albert Schweitzer, 1875–1965
Arzt, Philosoph, Theologe, Musikwissenschaftler

KAPITEL 2

DAS UNERKLÄRLICHE ERKLÄREN – GEHT DAS ÜBERHAUPT?

Weder mysteriös noch übernatürlich

Jede Sekunde senden unsere Sinne etwa elf Millionen Informations-Bits an unser Nervensystem. Bewusst werden uns davon nur 0,0004 Prozent. Denn mehr als 40 Bits kann unser Verstand nicht auf einmal bewältigen. Unser Verstand ist nämlich ein bisschen wie ein behäbiger Bürokrat. Er schaut sich alles ganz genau an, manchmal aber auch erst, nachdem ein Antrag auf Prüfung mehrmals gestellt wurde. Für blitzschnelle Entscheidungen ist diese Arbeitsweise unbrauchbar. Deshalb treffen wir Entscheidungen zum Beispiel beim Autofahren hauptsächlich aus dem Bauch heraus. Denn unsere Intuition beantwortet Fragen mit einem Wimpernschlag, binnen 200 Millisekunden.

Das Unterbewusstsein entlastet uns zudem von der bewussten Verarbeitung aller Sinneseindrücke, die gerade nicht sonderlich relevant sind. Stellen Sie sich mal vor, Sie müssten ständig bewusst an den Druck des Stuhls unter Ihnen denken, an das Gefühl der Armbanduhr und an die wechselnden Lichtverhältnisse draußen, wenn die Wolken vorbeiziehen. Und an Millionen andere Dinge gleichzeitig.

Wir könnten kaum einen klaren Gedanken fassen, würden uns wahrscheinlich schon eine halbe Stunde nach dem Aufstehen urlaubsreif fühlen. Auf jeden Fall könnten wir unsere eigentlichen Aufgaben wesentlich langsamer bewältigen. Damit wir gut vorankommen, übernimmt unser Unterbewusstsein den überwiegenden Teil der Wahrnehmungs-, Informations- sowie Gedächtnisprozesse, damit wir in jeder Situation auf passende Gedächtnisinhalte schnell zugreifen können. Gleichzeitig steuert es noch unsere Motorik, sodass wir nicht darüber nachdenken müssen.

Wie mühselig es ist, wenn man das doch tun muss, weiß jeder, der schon einmal in einem Tanzkurs ein paar neue Schritte gelernt hat. Irgendwann sinken die Inhalte ins Unterbewusstsein, und plötzlich geht es scheinbar ganz von allein. Sogar beim Sprechen denkt wohl kaum jemand darüber nach, wie er gerade die Zunge, Lippen und Kiefer bewegt, um ein Wort oder ganze Sätze herauszubekommen. Das alles macht das Unterbewusstsein für uns. Alles, was geht, versucht unser Gehirn, möglichst zu automatisieren. So schafft es Platz für Neues im Bewusstsein und kann die automatisierten Prozesse effizienter bearbeiten. Sogar die Deutung eines Wortes oder einer Situation findet im Regelfall im Unterbewusstsein statt. Das ist die Krux an der Geschichte. Manchmal speichern wir Bedeutungen ab, die nicht ganz passend sind, zumindest nicht für jede ähnliche Situation im Leben.

Während unser bürokratisches Bewusstsein immer nur eins nach dem anderen abarbeitet, greift unser Unterbewusstsein auf Bilder von Szenen zu, die wir schon einmal erlebt haben. Wie eine riesige Foto- und Videosammlung liegen diese in unserem körpereigenen Speicher und werden zum Abgleich herangezogen. Das Unterbewusstsein sucht dabei gezielt nach Mustern, die der aktuellen Situation möglichst ähneln. Dann formuliert es aus seinen Fundstücken Faustregeln, die in den meisten Situationen gut funktionieren. Je mehr Erfahrung wir also mit einer Sache haben, desto präziser kann das Unterbewusstsein arbeiten.

Dennoch hat das *bewusste* Prüfen von Informationen absolut seine Daseinsberechtigung: Immer dann, wenn wir uns in einer völlig neuen Situation befinden, für die es noch keinen adäquaten Datenbankabgleich gibt. Oder wenn irgendetwas an einer sonst bekannten Situation anders ist als sonst und vom Regelfall abweicht.

Die Wahrscheinlichkeit von Konsequenzen kann in solchen Fällen unser Bewusstsein besser berechnen. Meldet sich dann aber im Zuge einer bewussten Entscheidung doch wieder die Intuition, vielleicht mit einem flauen Gefühl im Magen, könnte es sein, dass wir ein Kriterium bei der bewussten Prüfung nicht bedacht haben. Das kann Anlass dazu geben, in Ruhe noch einmal über die Entscheidung nachzudenken. Der Psychologe Dr. Wim De Neys entdeckte sogar einen physisch nachweisbaren Alarmknopf in unserem Kopf: In der Mitte des Stirnhirns gibt es ein Areal, das immer dann aktiv wird, wenn eine Entscheidung in Konflikt mit etwas anderem steht, das wir wollen oder benötigen.[1 2]

De Neys beobachtete bei Probanden im Hirnscanner, dass dieses Alarmzentrum auch das autonome Nervensystem beeinflusst. Immer wenn ein Konflikt entdeckt wurde, begannen die Teilnehmer beispielsweise, etwas stärker zu schwitzen, ihre Körpertemperatur veränderte sich und damit auch die elektrische Hautleitfähigkeit.[3]

Wir sehen also: Das vermeintlich Mysteriöse ist tatsächlich etwas absolut Handfestes und Greifbares. Weder ist die Intuition spezifisch weiblich – obwohl Frauen aufgrund ihrer Aufmerksamkeit soziale Reize intensiver verarbeiten, dazu später mehr – noch handelt es sich um einen übernatürlichen sechsten Sinn.

Das Wort »Intuition« leitet sich vom lateinischen »intuitio«, also der »unmittelbaren Anschauung« ab. Sie ist nicht das Gegenteil von Rationalität, sondern eine sehr nützliche Ergänzung. Sie erlaubt es, komplexe Sachverhalte und komplizierte Vorgänge schnell zu erfassen und zu reagieren, während unser bewusster Verstand gerade erst in die Gänge kommt.

Neben dieser unmittelbaren Überlebenssicherung, die uns alle vermutlich mehrmals am Tag vor Verkehrsunfällen bewahrt, erlaubt sie aber auch ein ganzheitlicheres komplexes Einschätzen unserer Gesamtsituation. Irgendwie fühlen Sie sich unzufrieden, können aber nicht klar sagen, warum? Nehmen Sie sich Zeit, und gehen Sie ausgeruht an die Sache heran. Viele von uns setzen sich erst dann hin und machen eine Pause, wenn sie vom Alltag schon fix und fertig sind. Dann brauchen wir aber von unserem Nervensystem auch nichts Großartiges mehr zu erwarten.

Behandeln Sie den Check-in bei sich selbst deshalb wie ein regelmäßiges Team-Meeting auf der Arbeit. Da versuchen Sie ja nach Möglichkeit auch, wach und präsent zu sein. Intuitives Arbeiten sieht von außen aus, als würde der Betreffende gerade nichts tun. Dabei kann es richtig anstrengend sein. Immerhin werden sehr viele Daten abgerufen, miteinander abgeglichen und geordnet. Geben Sie Ihrem Unterbewusstsein genügend Raum dafür. Gehen Sie spazieren. Machen Sie etwas, das nicht viel bewusste Aufmerksamkeit erfordert, aber sie dennoch mit frischem Input versorgt. Wer dauernd dieselben Wände seiner Wohnung anstarrt, kommt nicht so leicht auf neue Ideen. Aus dem Abwägen und Neusortieren der Daten gibt das Unterbewusstsein dann irgendwann eine Intuition frei. Diese kann sich klar und prägnant oder auch zart und unsicher anfühlen.

In der Regel dringt nur das in unser Bewusstsein, was unser Unterbewusstsein als besonders wichtig oder dringend erachtet. Oder wenn es sich um ein unbekanntes Problem handelt, mit dem unser Unterbewusstsein noch nichts anfangen kann. Oder wenn etwas wirklich komplex ist. Eine komplizierte mathematische Formel wird wohl von allen Menschen im Bewusstsein gelöst. Sollte das bei Ihnen anders sein, schreiben Sie mir, ich wäre gespannt, von Ihnen zu lesen.

Der kanadisch-amerikanische Psychiater Eric Berne (1910–1970) betonte immer wieder, dass jeder Mensch dazu in der Lage ist, sein Leben schöpferisch, zuträglich und konstruktiv zu gestalten. Nun macht aber jeder von uns unterschiedliche Erfahrungen im Leben – und nicht alle davon sind auf den ersten Blick beflügelnd. Schon in der Kindheit ergeben sich erhebliche Unterschiede. Während glücklicherweise die meisten Menschen geborgen aufwachsen und ein sogenanntes Urvertrauen entwickeln können, bleiben Kinder, die mit schwierigen Bedingungen zu kämpfen hatten, oft lebenslang misstrauisch. Das trübt dann auch ihre Intuition.

Die Intuition ist nicht unfehlbar oder das ultimative Instrument. Und sie ist schon gar kein magisches Mittel. Sie ist das, was unser System für die höchste Wahrscheinlichkeit hält, basierend auf unserer individuellen Erfahrung. Damit kann sie richtig oder falsch liegen. Deshalb ist es sinnvoll, unsere intuitiven Annahmen mit genügend Zeit immer mal wieder mit dem Intellekt zu überprüfen und zu hinterfragen.

Bis zu 100.000 Entscheidungen treffen wir pro Tag, wobei viele so banal sind, wie was wir gleich essen wollen oder wie wir uns hinsetzen.[4] Wer versucht, all diese Dinge möglichst mit der Ratio abzuwägen, bewegt sich eher langsam vom Fleck und kann andere mit seiner zögerlichen Art auch schon einmal auf die Geduldsprobe stellen. Vor allem aber bleibt dann vielleicht nicht mehr ausreichend Zeit und Energie für die Entscheidungen, die wirklich bewusstes Hirnschmalz brauchen.

Der Psychologe Prof. Gerd Gigerenzer argumentiert, dass uns Entscheidungen, die wir aus rein rationalen Beweggründen treffen, oft unglücklich machen. Wer dies tut, ist oftmals auf der Suche nach Perfektion, nach der perfekten Lösung. Weil wir aber nie alle Informationen haben werden und die Zukunft nicht vorhersehen können, ist allein diese Anspruchshaltung zum Scheitern verurteilt. Das Ergebnis wird nie ganz perfekt sein, und wer sich etwas anderes versprochen hatte, reagiert dann enttäuscht. Lassen Sie ein kleines bisschen Luft fürs Leben, damit Dinge geschehen können, wenn Sie sich auf den Weg machen.

Noch handelt es sich bei der Intuition zudem um eine Art Tabuthema, das viele völlig zu Unrecht in die Esoterik-Ecke schieben möchten. »So gut wie jeder Manager und Arzt trifft ständig Bauchentscheidungen, aber man hat Angst, das öffentlich zu sagen. Intuition wird immer noch mit Willkür, einem sechsten Sinn oder weiblicher Natur gleichgesetzt«, schrieb Prof. Gerd Gigerenzer in einer Pressemitteilung des Max-Planck-Instituts.[5] Zeit, die Fahne zu hissen für eines der wichtigsten Instrumente der Macher und Verantwortlichen in unserer Gesellschaft!

Füllen Sie Ihren Wissensspeicher, und trainieren Sie Ihr Einschätzungsvermögen!

Machen Sie mehr aus Ihrem gigantischen Potenzial. Auf je mehr Daten Sie in Ihrem Wissensschatz zugreifen können, desto präziser können Sie verschiedene Situationen einschätzen und reagieren.

- Lesen Sie viel, und schauen Sie hochwertige Dokumentationen im Fernsehen oder Internet an!
- Beobachten Sie andere Menschen. Nutzen Sie die Zeit in der U-Bahn oder im Café, um dezent die kleinen Gesten und feinen Veränderungen in den Gesichtsausdrücken wahrzunehmen. Wie stehen diese im Verhältnis zu den großen, leicht sichtbaren Handlungen?
- Welche Leute an der Bushaltestelle steigen in eine bestimmte Linie? Wohin möchten sie wohl, und was haben sie dort vor?
- Schauen Sie sich auf sozialen Netzwerken wie Instagram die Kommentare der Nutzer an, und versuchen Sie, daraus zu folgern, wie deren eigenes Profil wohl aussieht. Welches sind die Themenschwerpunkte, wie präsentiert sich dieser Mensch? Schauen Sie nach, wie präzise Ihre Vorhersage zutrifft!
- Schauen Sie sich mit Ihren Eltern oder Großeltern alte Fotoalben an, und treffen Sie dann unbekannterweise Aussagen über deren Freunde auf den Bildern. Lassen Sie sich dann die Geschichten dazu erzählen!
- Beobachten Sie bei der Arbeit, wann welcher Kollege das Wort ergreift! Wie reagieren jeweils die anderen?
- Wenn Sie den Raum bei einer Party betreten, schauen Sie sich kurz um, und treffen Sie dann Annahmen darüber, wer im Lauf des Abends miteinander plaudern oder flirten wird. Wenn Sie dies öfter machen, wird Ihre Trefferquote immer besser!

Fehlerquellen und Irrwege

Unsere Intuition trifft dann Fehleinschätzungen, wenn eine neue Situation einer anderen auf den ersten Blick zwar sehr ähnelt – sich dann aber doch in entscheidenden Punkten anders gestaltet. Diese Standardmethode unseres Unterbewusstseins, nämlich zu generalisieren, sollten wir im bewussten Hinterkopf behalten, selbst wenn wir glauben, eine bestimmte Situation schon hundertmal erlebt zu haben. Noch mehr dann, wenn wir eine Situation zu selten erlebt haben, um daraus eine gute Wahrscheinlichkeitsrechnung abzuleiten. Nutzen Sie Ihre Intuition als mächtiges, aber nicht als allwissendes Instrument.

Achten Sie auf Ihre Körpersignale. Wenn ich Sie nun frage: »Wie fühlen Sie sich gerade?«, antworten Sie vielleicht gewohnheitsmäßig mit »gut« oder »schlecht«. Doch spüren Sie einmal genauer in sich hinein. Sind Ihre Muskeln eher entspannt, oder gibt es An- oder gar Verspannungen? Wie fühlt sich Ihr Bauch an? Und Ihr Kopf? Wie schlägt Ihr Herz? Nehmen Sie das alles erst einmal urteilsfrei wahr. Achten Sie auch auf Ihre emotionale Gefühlslage, ohne zu schnell nach Gründen dafür zu suchen.

Unser bewusster Verstand liebt es, mit logischen Verknüpfungen zu arbeiten. Das ist aber auch gleichzeitig seine Schwäche. Aus den beiden Informationen »Ich bin traurig« und »Mein Partner hatte heute Morgen keine Zeit für mich« bastelt der Verstand gern: »Mein Partner hatte keine Zeit für mich, deshalb bin ich traurig.« Durch das Benennen der vermeintlichen Kausalität kann der Fall abgehakt werden. So kann sich unser Bewusstsein schnell wieder in den Energiesparmodus begeben.

Dabei könnte es auch anders sein. Vielleicht ist der Grund für Ihre Traurigkeit, dass sich Ihr Leben momentan unerfüllt anfühlt. Und Ihr Partner hatte heute Morgen einfach keine Zeit. Diese beiden Dinge müssen nicht unbedingt miteinander verknüpft sein. Schon gar nicht ursächlich. Dass Ihr Verstand möglicherweise etwas vorschnell war, merken Sie spätestens dann, wenn Ihr Partner am nächsten Tag Zeit für Sie hat und Sie sich immer noch traurig fühlen. Es sei denn, Sie finden dann schnell etwas anderes, das Ihnen an seinem Verhalten nicht passt. So müssen Sie den wahren Grund für Ihre Trauer nie anschauen. Dann brauchen Sie auch nie etwas zu ändern. Ist das nicht herrlich bequem, so einen Sündenbock zu haben?

Stolpersteine für unser tägliches Denken und Verhalten sind innere Konflikte, die nicht ausreichend verarbeitet, sondern verdrängt wurden. So nach dem Motto: »Deckel drauf und weg damit!« Sie haben

Check-in bei sich selbst

Unser Unterbewusstsein redet zwar mit uns, aber es schreit nicht. Deshalb sollten wir das Zuhören üben und uns dafür ausreichend Zeit nehmen.

- Schlafen Sie sich mal aus! Wir müssen wenigstens halbwegs ausgeruht sein, wenn wir unsere innere Stimme zu komplexeren Themen befragen wollen.
- Machen Sie Sport! Ausdauersport baut Stresshormone ab, die sonst bewusste Denkprozesse blockieren und den Zugang zum Unter- bzw. Vorbewussten regelrecht verstopfen können. Ein bisschen anstrengend sollte das Training schon sein – das macht es leichter, wirklich abzuschalten. Und lassen Sie unbedingt währenddessen Ihr Handy ausgeschaltet. Sie müssen nicht immer und überall für jeden erreichbar sein und zur Verfügung stehen.
- Machen Sie einen festen Termin mit sich selbst, an dem Sie sich Zeit und Ruhe gönnen, um Ihre Gefühlslage und Körpersignale wahrzunehmen.
- Reflektieren Sie abends: Welche Entscheidungen haben Sie im Lauf des Tages intuitiv getroffen? Auf welche Signale aus Ihrem Inneren haben Sie dabei reagiert? Wie war das Ergebnis? Wann haben Sie sich lieber auf die bewusste Analyse der Fakten verlassen? Wie war da das Ergebnis?

sich quasi nicht in die Einzelteile der Erfahrung assimiliert, sondern behindern als Brocken unser Denken und unser Verhalten. Mit solchen Brocken können wir nur noch wie ferngesteuert reagieren, wie ein programmierter Roboter. Aber wenn wir diese Konflikte auflösen, können wir wirklich frei sein. Wir verdrängen Erfahrungen, wenn wir uns nicht dazu in der Lage fühlen, sie zu verarbeiten. Vielleicht waren wir damit überfordert, weil wir zum Zeitpunkt des Geschehens noch Kinder waren. Oder ein Trauma im späteren Lebensalter war so intensiv, dass wir damit nicht umzugehen wussten.

Unsere erste emotionale Reaktion auf etwas oder jemanden ist immer das Resultat unterbewusster Einschätzungsprozesse. Auf Psychologen-Deutsch heißt das »emotional-evaluative Erstreaktion«. Die hängt maßgeblich vom emotionalen Erfahrungsgedächtnis ab. Welche Wünsche und Pläne wir für unser Leben hegen, ja sogar Gedanken und Ideen, nehmen ihre Gestalt so an, wie es unserem Erfahrungsgedächtnis entspricht.

Sie sehen also, dass es vollkommen sinnlos ist, sich mittels Positiven Denkens und Affirmationen etwas einreden zu wollen, wenn das Unterbewusstsein der festen Überzeugung ist, dass etwas schon immer doof war und es deshalb auch doof bleibt. Dennoch können wir unser Leben umgestalten und aus negativen Gedankenschleifen ausbrechen.

Wann wir keine Entscheidungen treffen können

Welches Leben passt zu mir?

Wenn wir in einem Leben gefangen sind, das nicht zu uns passt, befinden wir uns in einem chronischen Stresszustand. Je nachdem, wie schlimm dieser ist, handelt es sich nur um einen kleinen Schwelbrand in unserem Inneren oder aber um größere, vernichtend um sich greifende Flammen, die uns innerlich aushöhlen, wenn wir nichts dagegen unternehmen. Das Problem ist dabei der Teufelskreis, in dem wir uns befinden.

Denn chronischer Stress lässt einen wichtigen Teil vom Gehirn schrumpfen: den präfrontalen Cortex.[6] Das ist ausgerechnet der Teil, der dafür zuständig ist, wie wir Entscheidungen treffen. Sicher, innerhalb unserer täglichen Anforderungen kriegen wir das schon noch hin, auch wenn wir unter Strom stehen. Aber große, lebensverändernde Entscheidungen – die bekommt ein dauergestresster präfrontaler Cortex kaum noch auf die Reihe. So kommt es, dass sich Betroffene nicht angemessen in anhaltend belastenden Situationen verhalten. Das kann zum Beispiel eine Beziehung sein, die nur noch aus Zank und Streit besteht. Oder ein Arbeitsverhältnis, das den eigenen Fähigkeiten in gar keiner Weise gerecht wird. Situationsangemessen wäre es, eine solche Situation aus eigener Kraft zu verändern. Dazu fehlen den Betroffenen aber tatsächlich unter Umständen die neurologischen Ressourcen.

Auch das Gedächtnis verändert sich durch Stress. Ein fortlaufendes Bombardement mit Stresshormonen führte bei jungen Ratten im Versuch dazu, dass der präfrontale Cortex unempfindlicher für Hirnbotenstoffe wurde. Das schildern Forscher von der State University of New York in Buffalo. Wichtig zu wissen: Der präfrontale Cortex ist ebenfalls wesentlicher Sitz des Kurzzeitgedächtnisses. Die Zahl der Andockstellen für einen bestimmten Botenstoff, das sogenannte Glutamat, nahm unter chronischem Stress ab, die Ratten wurden dadurch gleichsam »stumpf«.[7] Erinnert Sie das an den Eindruck, den Sie von manchen Menschen morgens in der Bahn haben?

Chronischer Stress führt außerdem dazu, dass wir geistig weniger flexibel sind – und dazu, dass wir weniger Informationen von der Außenwelt aufnehmen und abspeichern, sofern sie uns nicht gerade lebenswichtig erscheinen. Das führt dazu, dass wir in einem solchen Zustand viele Möglichkeiten übersehen, die sich uns eigentlich bieten würden. Das reicht vom interessierten Blick eines attraktiven Menschen bis hin zu einem Jobangebot, das eigentlich wie für uns gemacht wäre.

Chronisch gestresste Menschen laufen weniger aufmerksam durch die Welt. Vielleicht erklärt das auch die ein oder andere Situation beim Autofahren, bei der man sich fragt, wie der Fahrer vor einem eigentlich an seinen Führerschein gekommen ist. Weil chronisch gestresste Menschen aber auch ihr Kurzzeitgedächtnis nur eingeschränkt nutzen können, neigen sie darüber hinaus dazu, Gesprächsinhalte gleich wieder zu vergessen. Was nämlich nicht im Kurzzeitgedächtnis abgespeichert und verarbeitet wird, hat erst gar keine Chance, im Langzeitgedächtnis zu landen.

Dramatisch in diesem Zusammenhang: Das Gehirn von Jugendlichen ist für diesen Effekt besonders anfällig. Das bedeutet, dass nicht nur ihre aktuellen schulischen Leistungen leiden, wenn sie innerlich anhaltend gestresst sind, prägende Erfahrungen in dieser Phase können sich zudem bis weit ins Erwachsenenalter hinein auswirken. Störungen der Glutamat-Übertragung können dann anfälliger machen für psychische Erkrankungen wie Depression, aber auch für die Entwicklung von Demenz in späteren Jahren. Zwangsstörungen, wie zum Beispiel endloses Händewaschen, können ebenso mit einer gestörten Glutamat-Übertragung zusammenhängen.[8]

Übrigens: Kurzzeitiger Stress hat diesen Effekt nicht. Beim Lernen für eine Prüfung mal Gas zu geben, ist vollkommen okay! Solange sich der Stress dabei moderat anfühlt und eher wie eine Herausforderung, die man mit gebührender Anstrengung bewältigen kann, fördert er sogar die Gedächtnisleistung. Der Unterschied ist folgender: Wenn man denkt: »Oha, ich muss jetzt vier Stunden richtig konzentriert lernen, dann habe ich den ganzen Stoff durch«, dann beflügelt der Stress die eigene Leistung. Wenn man aber denkt: »Mensch, das schaffe ich nie, ich bin ein Versager«, dann erreicht der Stress ein Niveau, bei dem er hemmend auf die Leistung wirkt. Mal ganz abgesehen davon, dass diese Beschäftigung mit sich selbst und dem vermeintlichen »Versager-Status« völlig vom Lernstoff ablenkt.

So kommt es mit hoher Wahrscheinlichkeit zur sogenannten sich selbst erfüllenden Prophezeiung: Die Person versagt bei der Prüfung, hat womöglich vor lauter Stress auch noch einen Blackout – weil sie vorher eben geglaubt hat, sie würde versagen. Der Blackout hat aber gar nichts mit der Person an sich zu tun, er ist eine ganz normale physiologische Reaktion, denn große Cortisolmengen legen den Hippocampus in unserem Gehirn lahm. Daten, Fakten, Zahlen sind in so einem Moment nicht mehr zugänglich, auch wenn sie dort eigentlich gespeichert sind.

Nun ist es leider so, dass wir unser Selbstbild und unsere Identität aus der Summe unserer Erlebnisse bauen – besonders eindrückliche Erfahrungen wiegen dabei natürlich entsprechend schwer. Das heißt, in diesem Beispiel wird das Selbstbild des »Versagers« weiter verfestigt und zementiert – umso stärker, je länger diese Spirale fortläuft. Und umso schwieriger ist es später auch, ein solches Bild dann wieder aufzulösen. Schwierig, aber nicht unmöglich!

Bei der Definition von Stress möchte ich mich gern Prof. Oliver T. Wolf, Kognitionspsychologe der Ruhr-Universität Bochum, anschließen. Er sagt: »Stress ist ein Ungleichgewicht zwischen Belastungen und den Möglichkeiten, diese zu bewältigen.«[9] Nicht jede Situation ist für jeden Menschen gleich stressig. Die Frage ist: Glaubt dieser Mensch, über die nötigen Ressourcen zu verfügen, um die Situation in den Griff zu bekommen? Wenn ja, dann spürt diese Person nur den leichten, beflügelnden Stress, der besonders wach macht und die Leistung fördert. Wenn sie aber glaubt, zu schwach, zu dumm, zu dick, zu dünn, zu sonst irgendwas zu sein – dann spürt sie starken Stress, also die Sorte, die lähmt.

Der Neurowissenschaftler Prof. Bruce Sherman McEwen von der Rockefeller University in New York drückt es so aus: »Das Gehirn ist das Organ, das entscheidet, welche Erfahrungen stressig sind.«[10] Und obwohl unsere Gehirne natürlich grundsätzlich gleich aufgebaut sind, sind manche Strukturen eben bei manchen Menschen größer oder kleiner, dichter oder weniger dicht von Nervenzellen durchzogen.

Das Angstzentrum im Gehirn, die Amygdala, wird durch anhaltenden und intensiven Stress größer. Ein Mensch, der lange Zeit mit mehr belastet wurde, als er ertragen oder bewältigen konnte, neigt in der Folge dauerhaft dazu, mehr Angst und auch mehr Aggressionen zu empfinden als der Durchschnitt. Dabei werden die Aggressionen allerdings aus Angst vor Konsequenzen oft auch unterdrückt und gegen sich selbst gerichtet. Das kann unter anderem die Entstehung von Depressionen begünstigen.

In einer bedrohlichen – oder als bedrohlich wahrgenommenen – Situation, meldet die Amygdala dem Hippocampus jedenfalls schon mal gleich, er solle sich das Erlebte gut merken. Denn so sind wir bei erneutem Auftreten der Bedrohung gewappnet und können schnell reagieren. Sie legt sich also ihre eigene Gefahren-Datenbank an, anhand derer sie alles abgleicht, was an Sinneseindrücken aus der Außenwelt einströmt. Das bedeutet aber auch, dass eine ähnliche Situation in der Zukunft noch schneller zu einer Stressreaktion führt. »Ähnlich« kann sogar einfach nur heißen, dass ein Mensch beispielsweise einem anderen optisch ähnelt, der Ihnen einmal Schaden zugefügt hat. Schwupps, spüren Sie eine massive innere Unruhe und Ablehnung diesem neuen Menschen gegenüber, obwohl der arme Tropf doch gar nichts gemacht hat.

Die Amygdala stört das nicht. Sie ist nicht die Diplomatin, sondern quasi die Gefechtsleitzentrale unseres Gehirns, wie Diplompsychologe Martin Hess es treffend ausdrückt.[11] Die aufmerksame Besatzung eines U-Boots löst ja auch erst Alarm aus und weckt nicht gleich den schlafenden Kapitän, wenn etwas Verdächtiges auf sie zukommt. Also drückt die Amygdala ebenso erst einmal auf den roten Alarmknopf und löst damit eine Überlebensreaktion aus: Fight or Flight, Kampf oder Flucht. Adrenalin pumpt durch unsere Adern und versetzt die Muskeln in Spannung. Das wir dann nicht wirklich zuschlagen oder weglaufen, verdanken wir der Großhirnrinde, die ein wenig träge nachzieht und der Instinktreaktion quasi im letzten Moment einen Riegel vorschiebt. Sie hat nämlich die Daten mittlerweile eingehender analysiert und hält ein anderes Verhalten für angemessener. Nun stehen wir da, mehr oder weniger regungslos, mit Stresshormonen im Blut und starren unseren Chef an. Oder wer auch immer sonst der Trigger war.

Weil sie nach dem Ähnlichkeitsprinzip arbeitet, hat die Amygdala kein Problem damit, in Schubladen zu denken und alle Menschen oder Dinge mit einem bestimmten Merkmal über einen Haufen zu scheren. Sie generalisiert, was das Zeug hält. Und ihre Datenbank reichert sie nicht bloß durch selbst gemachte Erfahrungen an. Angstauslöser können auch gelernt sein. Schreckhafte, zögerliche Eltern geben dieses Muster an ihren Nachwuchs weiter. Teilweise muss man sagen: zum Glück. Denn sonst wäre die Menschheit schon längst ausgestorben, weil die Kleinen geradewegs ins Maul eines Säbelzahntigers gestapft wären.

Tatsächlich hat sogar unser Medienkonsum Auswirkungen auf unsere Ängste. So halten es Menschen, die abends vor dem Fernseher Krimis gucken, für wahrscheinlicher, dass sie einmal Opfer eines Gewaltverbrechens werden könnten. Deswegen kommt Filmemachern auch eine besondere Verantwortung zu. Bedienen sie zu viele Klischees – etwa: Der Bösewicht ist ein dunkler Typ mit Lederjacke –, wird genau dieses Erscheinungsbild bei den Zuschauern Unbehagen auslösen, wenn sie einer solchen Person auf der Straße begegnen.[12]

Menschen, die in ihrer Kindheit und Jugend intensivem und anhaltendem Stress ausgesetzt waren, neigen im Erwachsenenalter zu einer schnelleren, stärkeren Stressreaktion als der Durchschnitt.[13] Neue Situationen, die nicht vorhersehbar und mit Unsicherheit verbunden sind, werden von ihnen eher als besonders bedrohlich empfunden. Haben wir also Nachsicht mit der Generation, die noch den Krieg oder dessen Folgen miterleben musste. Dass sie am liebsten in festgefahrenen Bahnen vor sich hin lebt, hat neurologische Gründe. Doch dieses Muster kann sich auch über Generationen fortsetzen.

Bereits in der Schwangerschaft haben die Cortisolausstöße der Mutter einen prägenden Einfluss auf die Stressanfälligkeit des kindlichen Gehirns, denn sie bestimmen, wie viele Cortisolrezeptoren das junge Gehirn ausbildet. Stand die Mutter während der Schwangerschaft anhaltend und stark unter Druck, wird das Kind sensibler auf Stress reagieren. Das kann aber leicht zu einer unglückseligen Spirale führen. Dieser junge Mensch wird öfter und schneller mit Cortisolausschüttung reagieren als der Durchschnitt. Dabei wird aber gleichzeitig das Glückshormon Dopamin gedrosselt. Der Mensch fühlt sich unglücklich und spürt keine eigene Kraft, um seine Situation zu verändern. Bis zur Depression ist es dann nicht mehr weit, zumal anhaltender Stress dann auch noch den anderen Glücksbotenstoff, das Serotonin, niederdrückt.

Weil auch das Noradrenalin gebremst wird, fällt es den Betroffenen schwerer, sich zu konzentrieren. Das Schlimmste, was man in so einem Fall machen kann: bis tief in die Nacht im Internet surfen oder fernsehen. Schlafmangel verstärkt das Problem!

Ein fester Tagesrhythmus hingegen mit täglicher körperlicher Aktivität, mehrmals pro Woche Sport, mehreren Pausen täglich, erholsamen Wochenenden und Urlauben schafft überhaupt erst die Voraussetzung, dass ein solcher Mensch seine Vorbelastung überwindet und in seine Kraft kommt.

Wer über einen längeren Zeitraum starken Stress empfunden hat, bei dem hat möglicherweise das Stresshormon Cortisol die Neubildung von Nervenzellen im Hippocampus behindert. Das legen Studienergebnisse von Prof. Robert Sapolsky von der Stanford Universität nahe.[14] Der Hippocampus hat aber nicht nur mit unserem Gedächtnis zu tun. Er ist auch derjenige, der die Stressreaktion des Körpers wieder abstellt. Für Menschen, die also eine stressige Jugend hatten, ist es klug, sich Unterstützung beim Coaching oder bei einer Therapie zu holen. Dort lernen sie, Stress wieder abzubauen. So werden sie nicht permanent von ihrer überschießenden Stressreaktion gehemmt. Meine eigenen Methoden zum Stressabbau vor aufregenden Momenten verrate ich in Kapitel 9.

Ein Tipp vorweg: Treiben Sie Sport! Bewegen Sie sich möglichst häufig körperlich. Denn das hilft, die Stressresistenz des Gehirns zu erhöhen. Ein Wissenschaftlerteam um Dr. Nicole Berchtold von der University of California[15] hat herausgefunden, dass bei Bewegung der BDNF (brain-derived neurotrophic factor) ausgeschüttet wird. Ein Wachstumsfaktor, der auch die Entwicklung von gesundem Gehirngewebe fördert. Dann bilden sich auch wieder mehr Neuronen im Hippocampus.

Natürlich sind es nicht nur Situationen, bei denen ein Säbelzahntiger auf uns zugerannt kommt oder jemand eine Keule schwingt, die unsere Stressreaktion triggern. Als soziale Lebewesen steckt das Bedürfnis nach Zugehörigkeit zu einer Gruppe tief in unseren Genen. Sozialer Ausschluss bedeutete zu Urzeiten auch oft den Tod – oder zumindest große Gefahr. Deshalb reagieren Menschen so heftig mit Angst und Stress, wenn sie den Verlust ihres sozialen Status fürchten.[16] Beispielsweise weil sie gerade betriebsbedingt gekündigt worden sind und im mittleren und höheren Alter länger nach einer neuen

Chance suchen müssen. Oder weil sie vielleicht auf der Bühne einen Vortrag halten sollen und Angst haben, sich zu blamieren.

Unseren präfrontalen Cortex brauchen wir für das Denken, für die logische Analyse, für das Bewerten unserer Emotionen und für die Impulskontrolle. Unter chronischem Stress schränken wir allerdings seine Fähigkeit ein, sinnvolle Entscheidungen zu treffen. Deswegen ist es klug, sich zwischendurch immer mal wieder »abzuregen«. Die Lösung lautet: unstrukturierte Zeit. Also Stunden, Tage oder gar Wochen, die nicht durchgetaktet und verplant sind. Momente, in denen Sie einfach nur Ihrer spontanen Intuition folgen können. Dadurch entspannt sich der Körper. Und nach einer mehrwöchigen Erholungspause regenerieren sich auch wieder Neuronen.

Wenn Sie in einem Angestelltenverhältnis arbeiten, bei dem Sie sich immer wieder aufreiben, aber wenig Lohn und Anerkennung bekommen: Entfernen Sie sich nach Möglichkeit davon! Keine andere Art zu arbeiten löst so viel Stress aus, auch nicht die Selbstständigkeit. Als Selbstständiger können Sie Ihre Situation immer verändern und aktiv gestalten. Sich gegen die eigene Überzeugung unterwürfig zeigen zu müssen, erzeugt dagegen massive Spannung in Ihrer Psyche.

Die »Sandwich-Position« im mittleren Management ist dabei besonders anstrengend. Sich zwischen den Ansprüchen des Chefs und den Mitarbeitern aufzureiben, sollten sich nur Menschen zumuten, die eine extrem hohe natürliche Stressresistenz haben! Für alle anderen ist das nämlich ein ziemlich guter Weg in den Burn-out – natürlich je nach Firmenkultur und Branche.

Wichtig zu wissen: Jede Angst ist heilbar, auch die vor großen Veränderungen. Allerdings lautet das Grundprinzip beim Überwinden von Ängsten, dass wir uns ihnen stellen müssen. Bei einfachen Phobien, wie etwa der Angst vor Spinnen, schaffen es Verhaltenspsychologen binnen weniger Stunden, die Patienten von dieser Einschränkung zu befreien. Indem sie sich ihrer Angst stellen, lösen sie diese auf. Der begleitende Psychologe hilft ihnen dabei, Angstsymptome wie Herzrasen oder gar eine Panikattacke zu regulieren. Nach einigen Minuten, maximal zwei Stunden in einer vermeintlich gefährlichen Situation beginnt auch das aufgebrachteste Gehirn, sich zu entspannen. Wenn es nämlich nach dieser Zeit merkt, dass es völlig sinnlos Energie verschwendet, regelt es sich von allein langsam wieder herunter.

Das ist aber gleichzeitig ein Problem. Zu oft bleiben Menschen in für sie untragbaren Situationen stecken und versuchen, irgendwie »damit klarzukommen«. Was nützt es, wenn Menschen zwar Medikamente gegen ihre Depressionen einnehmen, jedoch ihre krank machenden Umstände und Verhaltensmuster nicht ändern? Verstehen Sie mich nicht falsch: Hat ein Arzt Ihnen Medikamente verschrieben, nehmen Sie diese unbedingt ein, und setzen Sie sie nicht ohne Rücksprache mit ihm ab. Aber die medikamentöse Behandlung allein braucht noch etwas anderes, damit die Ursache tatsächlich behoben werden kann. Depressive Menschen müssen ihre übererregte Amygdala in den Griff kriegen. Denn die ist darauf geeicht, möglichst alles Negative aus der Umwelt herauszufischen und es dann mit Pauken und Trompeten dem Bewusstsein zu präsentieren: »Sieh her, so schlecht ist die Welt! Verkriech dich lieber, damit dir nicht noch mehr Schlimmes passiert!« Die Betroffenen fühlen sich runtergezogen, sitzen fast nur noch zu Hause und vereinsamen. Dieses Vermeidungsverhalten macht die Stimmung nur noch schlechter.

Wenn Sie sich länger als einen Monat niedergeschlagen fühlen, sprechen Sie mit Ihrem Hausarzt oder einem Psychotherapeuten darüber, und entwickeln Sie individuelle Lösungsstrategien, denn nach etwa sechs Wochen beginnen Depressionen, sich zu chronifizieren. Dann wird es zäher, sie wieder aufzulösen.

Wer aufgrund seiner Kindheit in jungen Jahren kein Selbstwertgefühl, keinen Optimismus und keinen Glauben an die eigene Kraft entwickeln konnte, kann das im Erwachsenenalter zum Glück immer noch nachholen. Am wichtigsten ist es, das Selbstvertrauen zu stärken, und zwar in kleinen Schritten. Das funktioniert sogar in krassen Lebenssituationen.

Stellen wir uns einen jungen Mann vor, der versucht hat, seinen seelischen Schmerz mit Drogen zu betäuben. Deshalb hat er im Berufsleben nie Fuß gefasst. Wenn er eine Stelle bekam, hat er sie kurz darauf wieder verloren. Irgendwann ist er Mitte 30 und glaubt, nun erst recht keine Chance mehr im Leben zu haben. Was aber, wenn er es schafft, den Drogen fernzubleiben? Das ist ein massiver Erfolg, den dieser Mensch da erreicht – und von dort aus ist quasi alles möglich. Wenn er sich seiner enormen inneren Kraft bewusst wird, kann er danach so gut wie alles schaffen. Was, glauben Sie, ist schwieriger: einen Wanderweg einfach entlangzuspazieren oder aber zu stolpern, eine Böschung ganz tief hinunterzufallen und dann mühsam wieder nach oben zu kraxeln?

Es gibt Menschen in der Wirtschaft, die eine Drogenabhängigkeit überwunden und es noch ganz nach oben geschafft haben. Um von seinem Drogenproblem wegzukommen, kann sich der junge Mann in diesem Beispiel erst einmal das Ziel setzen, jeden Tag spazieren zu gehen. In dem Bewusstsein, sich und seinem Körper etwas Gutes zu tun. Allein das kann unter Umständen schon revolutionär wirken. Er kann sich vornehmen, während des Spaziergangs beispielsweise keine Zigarette zu rauchen. Mit der Zeit dehnt er dies aus: Eine Stunde vor dem Spaziergang und eine Stunde danach wird nicht geraucht. Was für ein wunderbares Gefühl, wieder Kontrolle über das eigene Verhalten zu erlangen! Aus den Spaziergängen können längere Radfahrten durch die Natur werden. Plötzlich gibt es wieder andere Inhalte im Leben, Abwechslung, Freude. Zart regen sich die ersten Glücksbotenstoffe, auch ohne dass sie von Drogen hochgepeitscht wurden. Für den tatsächlichen Drogenentzug ist in aller Regel professionelle Unterstützung notwendig. Doch wer erst einmal so ein Hindernis vollständig überwunden hat, hat bewiesen, dass er zu den starken Menschen dieser Gesellschaft gehört, und verdient den größten Respekt.

Ob wir eher ein ängstlicher oder draufgängerischer Typ sind, ist teilweise genetisch begründet. Ein bestimmtes Temperament ist uns in die Wiege gelegt. Eine weitere große Rolle spielen unsere Lebenserfahrungen in den ersten drei Jahren. Dabei sind die Reaktionen der Eltern wichtig: Lassen sie das Kind auch einmal voranpreschen, oder schweben sie immer sorgsam darüber? »Nicht so schnell, nicht so hoch auf dem Klettergerüst, Timmy!«

Der Bremer Hirnforscher Gerhard Roth erklärte es bei ZEIT ONLINE so:[17] Wer die Anlage zur Schüchternheit in sich trägt, kann sich in dieser Phase zum freundlich zurückhaltenden oder auch zum misstrauisch zurückgezogenen Charakter entwickeln – je nachdem, was er erlebt. Denn in dieser Zeit ist das limbische System, also unsere Gefühlszentrale, noch sehr stark formbar. Später kostet es uns mehr Kraft, es zu verändern. Haben sich die neuronalen Pfade besonders ungünstig ausgeprägt, sind wir also durchgängig übermäßig misstrauisch, traurig oder wütend, ist eine Veränderung dieser Strukturen vor allem mithilfe von außen möglich. Unsere Hirnstrukturen bleiben plastisch, also veränderbar, zum Beispiel durch eindrückliche Erlebnisse oder durch intensive gute Gespräche.

Angst zu haben ist uns angeboren. Es ist völlig menschlich und natürlich. Und es ist ein Gefühl in zahllosen Abstufungen. Dabei gibt es allerdings verschiedene Arten von Angst: nützliche und unnütze. Die meisten Menschen haben ganz besonders viel Angst davor, zu verlieren oder sich vor anderen Menschen zu blamieren. Genau das schränkt sie ein, sodass sie nie wirklich sie selbst sein können. Lernen Sie deshalb, die Angst *für* sich selbst statt *gegen* sich selbst zu nutzen. Haben Sie Angst davor, nicht alles zu erleben, was sie hätten erleben können? Haben Sie Angst vor Reue? Nutzen Sie diese Angst als einen Ihrer Antreiber.

Angst als Empfindung entsteht durch ein komplexes Zusammenspiel aus Sinnesorganen und verschiedenen Hirnarealen. Sehen wir beispielsweise auf einem Herbstspaziergang etwas Langes, Glänzendes im Laub, reagieren wir erst einmal reflexartig. Der Sehnerv meldet das Bild an den visuellen Cortex des Großhirns. Der »sieht« das Bild und schickt die Information weiter an einen anderen Hirnteil, den Thalamus. Dieser leitet die Bildinformation an den Mandelkern und den Hippocampus weiter. Während der Hippocampus Bescheid gibt, ob wir ein solches Objekt schon einmal gesehen haben, bewertet der Mandelkern die Sinnesinformation mit einer Emotion. Der Hippocampus kann also beim Vergleich feststellen, dass »lang und glänzend im Laub« eine Schlange sein könnte. Das wertet der Mandelkern als Gefahr – und löst die Angstreaktion aus.

Damit diese uns nicht immer wieder lahmlegt, haben wir eine Kontrollinstanz, den Gyrus cinguli. Er bewertet die Information noch einmal und untersucht, ob »Schlange« das einzige Fazit aus dem Gesehenen sein kann. Da das Objekt weder einen Kopf hat noch sich bewegt, bewertet er schließlich das Fazit zu »nasser Stock« um. Der ist nicht gefährlich, also ebbt die Angstreaktion ab.

Wovor wir Angst haben und wie intensiv wir sie erleben, ist individuell sehr unterschiedlich. Heute geht es nur noch selten um Lebensgefahr. Doch auch weniger greifbare Bedrohungen machen uns Angst. Zwei von drei Deutschen etwa haben Angst vor den Auswirkungen der Politik Donald Trumps. Rund die Hälfte fürchtet sich davor, einmal zum Pflegefall zu werden und auf Hilfe angewiesen zu sein.[18] Wir sollten uns allerdings immer daran erinnern, dass Angst eine Eigendynamik entwickeln kann und dann zu sehr unguten Ereignissen führen kann, besonders wenn sie die Masse ergreift.

Der Schwarze Freitag – der größte Börsencrash der Geschichte – war (auch) ein Produkt der Angst. Dabei fing alles so rosig an. Es waren die Goldenen Zwanziger, und die Stimmung in Bevölkerung und Wirtschaft war positiv wie nie. Die Börse brummte, und so mancher nahm sogar einen Kredit auf, um auch einen Teil des Kuchens abzubekommen. Doch dann kippte im Jahr 1929 die Stimmung. Erst machte man sich Sorgen, später hatten viele wirklich Angst um ihr Geld – und verkauften, was noch zu verkaufen war. Es kam, wie es kommen musste. Im Oktober nahm die Börse eine rasante Talfahrt auf. Die Preise rutschten immer weiter in den Keller, und mehr und mehr Anleger versuchten, irgendwie noch mit einem blauen Auge davonzukommen. Die Angst wurde zur Panik und gipfelte im Börsencrash am 24. Oktober 1929. Und so ging dieser Tag als Schwarzer Freitag in die Geschichte ein. Die Auswirkungen unserer Ängste sind natürlich längst nicht immer so dramatisch. Nachhaltig bemerkbar können sie sich trotzdem machen.

Bauen Sie Ihre Ängste ab!

Manche Ängste sind sinnvoll. Andere sind einfach nur Bremsklötze auf Ihrem Weg. Wer zum Beispiel Angst hat, vor Kollegen das Wort zu ergreifen und sich dabei zu blamieren, wird es nicht tun. So kann er aber auch nicht positiv auffallen und seine Karriere befeuern. Räumen Sie unnütze Alltagsängste deshalb aus dem Weg!

- **Die Angst erleben**
  Nehmen Sie sich eine halbe Stunde Zeit, und stellen Sie sich am besten einen Timer, um sich ganz auf die Übung konzentrieren zu können. Setzen Sie sich gemütlich hin. Atmen Sie tief und gleichmäßig in den Bauchraum. Die Redewendung »tief durchatmen« ist mehr als bloß ein Klischee. Wenn Sie spüren, dass Sie innerlich zur Ruhe gekommen sind, stellen Sie sich Ihre Angst vor: Sie sind in den Sitzungsräumen. Das Meeting läuft, und alle, inklusive Ihrem Chef oder Ihrer Chefin, sind anwesend. Dann kommt der Moment, wo Sie Ihre Idee anbringen *könnten* ... Was fühlen Sie? Wie reagiert Ihr Körper? Schwitzen? Schnelle Atmung?
  Machen Sie diese Übung zwei- bis dreimal, und notieren Sie anschließend Ihre Eindrücke.
- **Sich mit der Angst konfrontieren**
  Beim nächsten Schritt endet in Ihrer Vorstellung die Szene nicht bei der Gelegenheit zu sprechen. Jetzt bringen Sie Ihren Vorschlag an. Alle schauen auf Sie. Gestalten Sie Ihren Auftritt dabei möglichst selbstbewusst. Wie er ausgeht – ob Ihr Vorschlag also ankommt –, ist noch unwichtig. Notieren Sie hier wieder Ihre Eindrücke. Haben Sie vielleicht einen Kloß im Hals? Sind Ihnen die Blicke unangenehm? Wiederholen Sie diesen Schritt so lange, bis Sie in Ihrer Szene den Vorschlag selbstbewusst und ohne zitternde Stimme mit gutem Gefühl vorgetragen haben.

- **Erfolgreiches Ende**
  Mit dem selbstbewussten Vortrag ist Ihre Angst vor der Szene schon ordentlich geschrumpft. Stellen Sie sich das Geschehen jetzt noch weiter vor: Sie tragen den Vorschlag nun mit fester Stimme vor – der Vorschlag bekommt ein positives Feedback und wird angenommen.
  Notieren Sie Ihre Eindrücke, und genießen Sie diesen Ausgang ruhig. Sie dürfen sich gut fühlen.
- **Scheitern ist nicht schlimm**
  Nachdem Sie das positive Ende erlebt haben, wenden Sie sich nun dem negativen zu: Ihr Vorschlag wird abgelehnt. Vielleicht passt er doch nicht so gut, wie Sie dachten, oder ein anderes Hindernis steht im Weg. Das ist kein Weltuntergang und nicht persönlich gemeint. Betrachten und drehen Sie diese Version Ihrer Szene so lange, bis Sie mit gutem Gefühl wissen, dass auch dieser Ausgang gut ist – immerhin haben Sie Engagement für Ihr Unternehmen oder Ihre Abteilung gezeigt. Darauf dürfen Sie auch in dieser Szene stolz sein.
  Notieren Sie in diesem Schritt ebenfalls bei jedem Mal Ihre Eindrücke.
- **Und nun noch mal von vorn**
  Inzwischen dürfte sich einiges an Notizen angesammelt haben. Lesen Sie diese jetzt in chronologischer Reihenfolge noch einmal. Sie werden sehen, wie sich sowohl Ihre rationale als auch Ihre emotionale Sicht auf das Geschehen gewandelt hat. Die Angst ist vielleicht nicht ganz weg – aber nun keine Bremse mehr.
- **Von der Vorstellung zum Alltag**
  Ihr Gehirn hat nun gelernt, keine Angst mehr vor der Situation zu haben. Zeit also, aus Ihrem Kopfkino Tatsachen zu machen. Wenn Sie etwas zu sagen haben, ergreifen Sie künftig das Wort. Zu Beginn muss es ja nicht gleich das wichtigste Meeting sein. Auch das kleine Montagmorgen-Kickstartmeeting mit dem eigenen Team bietet schon einen guten Rahmen für reale Gehversuche. So können Sie Ihren Erfolg aus der Szene in den Alltag holen.

Nichts kann uns zurückhalten, wenn wir wirklich vorwärtswollen

Um die Anatomie und Funktionsweise unseres Gehirns zu verändern, müssen wir es in systematischer Weise aktivieren. Vereinfacht gesagt: Stellen Sie sich vor, Sie gehen mit Ihren Neuronen ins Fitnessstudio, wo sie diejenigen, die zu schwach ausgeprägt sind, gezielt trainieren. Das funktioniert beim Gehirn genau wie bei unserer Muskulatur, denn unser Gehirn besitzt eine lebenslange Plastizität.[19] Es kann sich ein ganzes Leben lang anpassen, wenn wir es nur lassen.

Vergangenheitsbewältigung kann von Vorteil sein, wenn sie hilft, Erfahrenes neu zu bewerten. Beispielsweise: Mir ist etwas Schlimmes passiert, aber ich habe die Situation überlebt. Ich war schlau genug und habe Ressourcen entwickelt, die mich da durchgebracht haben. Alles, was Sie durchgestanden haben, ist ein Hinweis auf Ihre Stärke! Mindestens ebenso wichtig – und auf Dauer sogar wichtiger – ist es, nach vorn zu blicken. Was wir alle brauchen, sind positive Erfahrungen. Also schaffen wir uns welche!

Eine Person, die es von ganz unten nach ganz oben geschafft hat, ist Oprah Winfrey. Wir alle kennen sie, Amerikas berühmteste Talkshowmoderatorin, Schauspielerin und Unternehmerin. Oprah hat sich ein Imperium geschaffen, ist extrem einflussreich und verfügt über ein geschätztes Vermögen von drei Milliarden Dollar.[20] Die Übermutter der USA, wie sie manchmal genannt wird, wuchs in sehr, sehr armen Verhältnissen auf. Sie trug teilweise sogar Kartoffelsäcke, weil echte Kleidung nicht ins Familienbudget passte. Sie wurde Opfer von Inzestmissbrauch und körperlichen Misshandlungen.[21] Dennoch schlug sie sich durch, war in der Schule sogar Klassenbeste. Im Alter von 15 Jahren gebar sie ein Kind, vermutlich gezeugt von ihrem Onkel, das jedoch wenige Wochen später starb. Auch ihre Halbgeschwister starben, der Bruder an AIDS, die Schwester an Drogenmissbrauch. Oprah entschied sich für einen anderen Weg. Im Lauf der Highschool erkannte sie ihre Leidenschaft für Medien und Kommunikation. Noch während der Schulzeit jobbte sie nebenbei beim lokalen Radiosender und sicherte sich ein volles Stipendium für die Tennessee State University. Doch statt dort anzutreten, folgte sie entgegen aller rationalen Überlegungen ihrem großen Traum und stieg im Alter von 19 Jahren direkt in ihre Medienkarriere ein. So wurde Oprah zur ersten schwarzen Nachrichtenberichterstatterin unter 20 Jahren. Wieder wurde sie sexuell belästigt und unterdrückt. Aber Oprah gab nicht auf. Binnen weniger Monate verwandelte sie die »AM Chicago« von der am niedrigsten bewerteten Talkshow in Chicago zu der am höchsten bewerteten. Drei Jahre später wurde die Show nach ihr benannt: die legendäre Oprah-Winfrey-Show.[22] [23]

Oprah ist ein Extrembeispiel, doch genau das zeigt uns, dass uns nichts, wirklich gar nichts aufhalten kann, wenn wir es anders entscheiden. Doch wie schafft man es, derartige Kräfte zu sammeln und sich sogar aus einer wirklich desolaten Situation herauszuhieven? Es ist tatsächlich wie im Fitnessstudio: Beginnen Sie mit den einfachsten Übungen, um Ihre neuronalen Pfade und Botenstoffe sukzessive zu verändern und positiv aufzubauen. Rufen Sie sich ins Bewusstsein, wofür Sie alles dankbar sind. Können Sie laufen, sprechen, hören, sehen? Fantastisch! Diese Denkübung klingt banal, aber sie zwingt Ihr Gehirn dazu, Serotonin auszuschütten. Das heißt jetzt nicht, dass sie ignorieren sollen, was schiefläuft in Ihrem Leben, und sich quasi mit der Basisausstattung begnügen. Aber ein gewisser Pegel an Botenstoffen macht Sie eben erst handlungsfähig. Und das ist der Startschuss zu größeren Abenteuern.

Nebenbei bemerkt: Eine vergrößerte Amygdala wird auch mit einem verstärkten Lust- und Erregungsempfinden in Zusammenhang gebracht. So kommt es, dass diese Menschen oftmals ein großes und intensives Interesse an Sex haben, das weit über dem Durchschnitt liegt. Das ist wunderbar, wenn man sich die passenden Partner dazu aussucht. Man sollte sich nur nicht von der Amygdala geradewegs in Beziehungen und Begegnungen hineinsteuern lassen, die letztlich nur noch mehr Stress erzeugen.

Techniken gegen die Angst und für mehr Entscheidungsfähigkeit

Die Amygdala ist zwar nützlich, aber nicht unser alles bestimmender Boss. Wenn Sie merken, dass sie durchdreht, können Sie sie gezielt wieder beruhigen.

- Atmen Sie tief und langsam, um Ihren Herzschlag zu beruhigen und um die Ausschüttung von Stresshormonen zu drosseln. Bei jedem Ausatmen entspannt unser Körper. Atmen Sie aus, bis wirklich keine Luft mehr in der Lunge ist. Warten Sie dann zwei Sekunden ab, bevor Sie wieder tief einatmen und Ihr Gehirn mit frischem Sauerstoff versorgen. Den braucht es nämlich zum logischen Denken.
- Visualisieren Sie das Ziel! Spüren Sie die positiven Emotionen, die sich beim Erreichen dieses Ziels einstellen werden. Ein freudiges Kribbeln durchströmt Ihren Körper, wenn Sie beispielsweise Ihren Traumjob an Land gezogen haben oder sich aus einer dauerhaft belastenden Beziehung befreit haben. Auf diese positive Erregung folgt tiefe, glückliche Entspannung. Dieser Ziel-Zustand ist Ihr Anker.
- Spielen Sie eine bevorstehende aufregende Situation vorab immer wieder in Ihrem Kopf durch. Denken Sie an jeden Schritt und an jedes Detail. Was müssen Sie tun, um Erfolg zu haben? Wenn die Vorstellung vom perfekten Ablauf sitzt, bauen Sie noch ein paar Variationen ein. Wie verhalten Sie sich am besten bei einer Störung? Spielen Sie mental verschiedene Situationen durch. So sind Sie auf alles vorbereitet.
- Wenn Sie Menschen haben, denen Sie vertrauen können, suchen Sie den Körperkontakt. Umarmen Sie sich, oder kuscheln Sie auf dem Sofa. Dabei wird das Bindungshormon Oxytocin freigesetzt, das die Amygdala beruhigt. Kleine Berührungen helfen da schon.

Wenn Sie aber gerade etwas sehr in Aufregung versetzt, ist es gut, wenn Sie mindestens 30 Sekunden Körperkontakt spüren.

- Sie sind in einem Grübel-Kreislauf gefangen? Gehen Sie zum Sport, und strengen Sie sich dort an. Das löst den Knoten im Kopf. Alternativ verabreden Sie sich mit einer positiv eingestellten Person zum Abendessen.

KAPITEL 3

WAS KANN DIE INTUITION?

Wann intuitiv, wann bewusst entscheiden?

Das Unterbewusstsein befasst sich mit den winzigen Botschaften, die es beispielsweise im zwischenmenschlichen Kontakt aus den Bewegungen von Stirn, Mund- und Augenwinkeln zieht. Oftmals sagen sie mehr als tausend Worte. Diese Art, Entscheidungen zu fällen, hat sich in Jahrmillionen der Evolution entwickelt und bewährt.[1] Dass das Unterbewusstsein allerdings autonom und getrennt vom Bewusstsein agiert, ist eine Annahme des Psychoanalytikers Sigmund Freud (1856–1939).[2] Mittlerweile gilt diese Theorie vom Ende des 19. Jahrhunderts als widerlegt.

Es war der bereits erwähnte Forscher Demásio, der mit seiner Theorie der somatischen Marker eine große Leistung vollbrachte: Endlich wurde die vermeintliche Körper-Geist-Trennung aufgehoben, die seit der Philosophie von René Descartes (1596–1650) als unhinterfragte Prämisse die Wissenschaft beeinflusste. Descartes hatte so getan, als seien Körper und Geist zwei völlig voneinander getrennte Systeme, was eine relativ absurde Vorstellung ist, wenn man sich selbst nur mal eine kurze Weile genau beobachtet.[3]

Für Demásio stand hingegen klar fest: Gefühle sind für gute Entscheidungen unerlässlich.[4] Empfindungen, die wir wahrnehmen, sind dabei letztlich einfach nur Änderungen unseres Körperzustands. Aus ihnen leitet unser Erfahrungsgedächtnis eine Bewertung ab.[5]

Seither hat die neurologische Forschung unser Verständnis von der Intuition enorm geschärft. Der Kognitionspsychologe Dr. Gary Klein entwickelte das »Modell der Recognition-primed decision« (RPD), also dem Erkennen von Mustern oder Hinweisen als wichtiges Element der intuitiven Entscheidungsfindung. Hinzu kommt aus seiner Sicht auch die Fähigkeit des Unterbewusstseins, eine schnelle mentale Simulation der Auswirkungen einer Option durchzuführen.[6] Aus dieser Art der Datenverarbeitung ergibt sich allerdings auch eine Reihe von Problemen, die zu erheblichen Fehleinschätzungen führen können.

Unsere gegenwärtige Stimmung kann unsere Einschätzung einer Situation verzerren. Alternativen werden unter Umständen zu wenig berücksichtigt, wenn wir mies drauf sind. Außerdem ist das Unterbewusstsein eher konservativ und gibt tendenziell Handlungsempfehlungen nach dem Motto: »Das haben wir hier schon immer so gemacht.«

Wenn wir uns also nur davon leiten lassen und noch dazu einen Haufen negativer Erfahrungen im Gepäck haben, führt das schnell zu einem Mangel an Offenheit. Dagegen hilft dann nur, das Bewusstsein hinzuziehen, um weitere Optionen für uns zu erörtern als »immer nur denselben Mist«. Außerdem können unzureichende Informationen die Berechnungen unseres Unterbewusstseins auf die falsche Fährte locken. Deshalb ist es gut, erst einmal bewusst so viele Informationen wie möglich zu einem Thema zu sammeln, bevor wir eine große Entscheidung treffen – und dann in sich hineinzuhorchen.

Kulturell oder erziehungsbedingte Vorurteile können unsere Erfahrungen eintrüben, und die vom Unterbewusstsein ausgespuckte Faustregel passt dann nicht unbedingt auf die aktuelle Situation. In solchen Fällen kann ein strukturierter, bewusster Entscheidungsprozess vorteilhafter sein. Zumindest sollte man die Intuition nicht völlig auf sich allein gestellt lassen.[7]

Die Kombination intuitiver und bewusster Prozesse führt zu guten Entscheidungen, argumentieren auch Prof. Tilmann Betsch und Prof. Andreas Glöckner vom Max-Planck-Institut in Bonn.[8] Sie betonen, dass erworbene Wissensbestände im Erfahrungsgedächtnis assoziativ sind.[9] Dabei sind die Abwägungsprozesse keineswegs irrational, sondern basieren eben auf ihrer eigenen Logik. Im Lauf der Informationsverarbeitung soll Widersprüchlichkeit so weit wie möglich verringert werden und die bestmögliche Interpretation der Informationen ermöglicht werden.

Der Psychologe Prof. Daniel Kahneman von der Princeton University spricht statt von Intuition und Bewusstsein lieber vom »schnellen und langsamen Denken«. Das schnelle Denken sei oft vonnöten, allerdings fehleranfällig, vor allem wenn der Mensch auf dem Gebiet der Entscheidung wenig Erfahrung hat. [10]

Deshalb ist ein ausschließliches oder hauptsächliches Verlassen auf die Intuition eher etwas für Fachleute, die schon reichlich Erfahrung in ihrem Gebiet gesammelt haben, argumentiert der renommierte Risikoforscher Prof. Gerd Gigerenzer. Der emeritierte Direktor der Abteilung »Adaptives Verhalten und Kognition« und des Harding-Zentrums für Risikokompetenz am Max-Planck-Institut für Bildungsforschung in Berlin[11] trainiert US-Bundesrichter und deutsche Ärzte und Manager in der Kunst des Entscheidens und der Risikokommunikation.

Sein Credo: »Faktenhuberei kann die Sicht vernebeln. Wenn es hart auf hart kommt, sollten sich Fachleute auf ihre Intuition verlassen.« Dabei müssen Entscheidungen selbstverständlich an konkrete Umweltsituationen und spezifische Problemlagen angepasst sein und können nicht einfach auf neue Situationen übertragen werden.[12] Diese Empfehlung bezieht sich auf gezielt genutzte Intuition. Doch was ist mit dem Großteil der Zeit, wenn wir kaum merken, dass wir uns gerade vom Unterbewusstsein lenken lassen?

Eben weil das Unbewusste große Teile unseres Verhaltens steuert, lohnt sich ein genauerer Blick in den scheinbar schwarzen Tümpel, in den unsere Erinnerungen sinken und der ab und zu einen Glaubenssatz ausspuckt. Schon Freud war der Ansicht, dass immerhin ein Teil dieses Tümpels bewusstseinsfähig ist. Dieser Teil wird von verschiedenen Autoren auch »Vorbewusstes« genannt. Die Inhalte sind zwar gerade nicht auf dem Bildschirm des aktuellen Tages-Bewusstseins, sind jedoch grundsätzlich abrufbar.

Stellen Sie sich Ihren Desktop auf dem Computer vor, wo Sie in verschiedenen Ordnern Dateien und Programme abgelegt haben. Mit wenigen Klicks erscheinen diese Inhalte auf dem Monitor, wenn wir wollen. Auf unserer eigenen Mattscheibe, also im Gehirn, greifen wir auf die unter- oder vorbewusst gespeicherten Inhalte durch Reflexion zu. Selbstreflexion, um genauer zu sein.

Im Unterbewusstsein residieren längst nicht nur verdrängte Emotionen und Schuldgefühle, sondern alles, was erlebt wurde. Dabei werden Ereignisse mit Bewertungen versehen. Hin und wieder macht es Sinn, diese abgespeicherten Inhalte noch einmal anzuschauen und auf ihre Gültigkeit zu überprüfen. Das geht aber nur, indem der betreffende Inhalt ins Bewusstsein geholt wird, quasi zur Bearbeitung. Ähnlich, wie wenn Sie ein Word-Dokument öffnen, weil Sie darin doch noch einmal etwas umschreiben wollen. Gerade wenn wir uns auf unbekanntes Terrain begeben, sollten wir unseren Gefühlen nicht blind vertrauen. Um in einer völlig neuen Situation Konsequenzen unseres Handelns abzuschätzen, sollten wir sie eher mit unserem bewussten Verstand analysieren.

Natürlich darf auch nicht zu viel Routine die Wahrnehmung schlucken, selbst und gerade bei Fachleuten. Ein Richter darf sich nicht ausschließlich auf sein Bauchgefühl verlassen, sondern muss immer analysieren, durch welche Faktoren sich eine bestimmte Situation von anderen ähnlichen Situationen möglicherweise unterscheidet. Dazu ist es hilfreich, wenn er gedanklich möglichst viele Perspektiven einnimmt.

Im Alltag sind es oft Vorurteile, die unsere Einschätzung trüben. Ihre Macht demonstrierte der Psychologe Prof. John Darley von der Princeton University 1983 in einem Experiment. Er teilte Studenten in zwei Gruppen ein und bat sie jeweils, ein Mädchen bei einem Test zu beobachten und zu beurteilen. Während die eine Gruppe sie als »intelligent, aufgeschlossen und begabt« einstufte, fand die andere, sie sei »gehemmt, schwierig und lernschwach«. Der Unterschied: Die Gruppen hatten zuvor unterschiedliche Informationen über die Herkunft des Mädchens erhalten. Den einen wurde erzählt, sie stamme aus einem gehobenen sozioökonomischen Milieu, den anderen, sie käme aus weniger guten sozioökonomischen Verhältnissen.[13]

Das macht auch das Problem des Lästerns, Tuschelns und der üblen Nachrede so gewichtig. Prof. Rasha Abdel Rahman von der Humboldt-Universität zu Berlin hat in einer psychologischen Studie nachgewiesen, dass Klatsch und Tratsch unser Urteil über eine Person trübt, bevor wir sie überhaupt kennengelernt haben.[14] In ihren Experimenten wurden den Teilnehmern Fotos von unbekannten Gesichtern gezeigt. Dazu gab es entweder eine neutrale oder eine negative Info. Selbst wenn eine negative Aussage als unsicher markiert war – etwa: »Man sagt, er habe jemand anderen übers Ohr gehauen« –, beeinflusste das die Einschätzung der Probanden hinsichtlich dieses Mannes. Sie trauten ihm weniger, obwohl sie eigentlich wussten, dass die negative Information unzuverlässig war. Doch die erste emotionale Reaktion bleibt immer hängen. Deshalb können Menschen anderen richtig schaden, indem sie schlecht über sie reden. Die Betroffenen müssen dann sehr viel Energie aufwenden, um das Bild von sich wieder geradezurücken.

Angst kann ebenfalls dazu führen, dass wir die Fakten nicht mehr richtig sehen. Nach den Terroranschlägen vom 11. September 2001 in den USA starben binnen eines Jahres 1500 Menschen mehr als üblich durch Autounfälle, so die Berechnungen von Prof. Gerd Gigerenzer. Sie hatten häufiger das Auto für lange Strecken gewählt, weil sie entgegen der normalerweise allseits bekannten Statistiken fälschlicherweise davon ausgegangen waren, dass Autofahren sicherer sei als Fliegen. Das ist das Tückische am Unterbewusstsein: Besonders eindrucksvolle Erfahrungen wiegen besonders schwer.

Andere Menschen richtig lesen

Wir alle kommunizieren ständig auf so vielen Ebenen: über unsere Körpersprache, unsere Stimme, die Lautstärke, den Sprechrhythmus, die Sprachmelodie, die Betonung und unsere Mimik. Laut einer Studie des Psychologieprofessors Albert Mehrabian von der University of California machen Worte nur etwa sieben Prozent unserer gesamten kommunikativen Botschaft aus.[15]

Bewusst können andere die Fülle der einprasselnden Signale kaum deuten. Doch für das Unterbewusstsein mit seinen viel größeren Kapazitäten ergibt sich ein Gesamtbild. Ganz schnell merkt es in der Regel, ob die Signale der verschiedenen Kanäle harmonisch zueinanderpassen – oder ob es Unstimmigkeiten gibt. Ist Letzteres der Fall, werden wir aufmerksam. Wir spüren intuitiv, dass etwas nicht stimmt und der andere etwas zu verbergen hat oder bestimmte Inhalte zu verbiegen versucht.

Die meisten Menschen können die Mimik anderer extrem schnell und exakt lesen. Wir fördern diese Fähigkeit schon bei Babys. Mit ausgeprägtem Mienenspiel bespaßen die Eltern ihren Nachwuchs, wechseln vom Lächeln übers Stirnrunzeln zum Schmollmund. Je nachdem, was als unterschiedliche Mimik gewertet wird, zeigt unser Mienenspiel zwischen 3000 und 10.000 Varianten. Schwierigkeiten damit haben hauptsächlich Menschen mit autistischen Zügen, aber auch Gesunde, die mit eher ausdruckslosen Elternteilen aufgewachsen sind, also meistens in ein Pokerface blickten und auch wenig körpersprachliche Signale bekamen. Die gute Nachricht: Das Wissen über Mimik, Gestik und Körpersprache kann man sich grundsätzlich jederzeit auch explizit aneignen.

»Was jemand denkt,
merkt man weniger an seinen Ansichten
als an seinem Verhalten.«

Isaac Bashevis Singer, 1902–1991
Schriftsteller

Es gibt eine gute Faustregel: Positive Gedanken zeigen sich entgegengesetzt zur Schwerkraft. Ein offensichtliches Anzeichen ist das Lachen, bei dem die Mundwinkel nach oben gehen. Doch auch eine hohe Haltung der Hände zeugt von guter Stimmung. Wenn etwas ganz wunderbar ist, machen einige ja sogar einen Luftsprung. Achten Sie aber auch auf subtilere Indikatoren. Ziehen sich die Augenbrauen leicht nach oben, um den Blick zu weiten? Zeigen die Finger nach oben, wenn die Hände verschränkt werden?

Bei negativen Gefühlen hingegen kommt es oftmals zu sogenannten Beruhigungsgesten beziehungsweise Übersprunghandlungen. Diese erkennt man vor allem daran, dass sie keinen ersichtlichen Sinn machen und unerwartet auftreten. In diesem Fall steht unser Gegenüber aus irgendeinem Grund unter Spannung. Deshalb kommt es zu einer Abweichung seines üblichen Grundmusters.

Das nervöse Aneinanderreiben der Handflächen und das Händeringen gehören zu den häufigsten Methoden, damit wir uns vorübergehend besser fühlen. Das Reiben an der Nase oder Kratzen an dem Ohrläppchen hat eine vergleichbare Wirkung. Generell versuchen wir bei Unbehagen, scheinbar exponierte Stellen zu bedecken, um uns zu »schützen«. So berühren sich Frauen an der Drosselgrube, der Vertiefung unten am Hals zwischen den Schlüsselbeinen, während Männer sich präventiv eher die Hand in den Nacken legen. Wer Krawatte trägt, rückt diese zurecht, was aufgrund der überbemühten Darstellung in Filmen schon beinahe klischeehaft Verlegenheit und Unsicherheit transportiert.

Wenn sich jemand heimlich freut, kann diese Person ihre Füße kaum still halten. Schauen Sie einmal unauffällig unter den Tisch! Zeigen die Füße allerdings zur Tür, ist Ihr Gegenüber dabei, sich aus dem Gespräch auszuklinken. Empathisches Nachfragen holt sie meist wieder herbei. Wenn Sie auf einer Party zwei Menschen sehen, die sich unterhalten, schauen Sie ebenfalls auf die Füße. Sind sie zueinandergerichtet, sind diese Leute sehr vertieft in ihr Gespräch und möchten nicht gestört werden. Sind die Fußspitzen leicht nach außen gedreht, sind noch weitere Gesprächspartner willkommen.

Generell ist es so: Je mehr wir unseren Körper unserem Gesprächspartner zuwenden, desto aufgewerteter fühlt er sich. Dass verschränkte Arme allerdings zwangsläufig Ablehnung oder Desinteresse signalisieren, ist ein Mythos. Manchmal ist der Person nur kalt, oder sie findet die Haltung einfach bequem. Wenn sie jedoch plötzlich infolge einer Ihrer Äußerungen die Arme verschränkt, können Sie davon ausgehen, dass sie mit deren Inhalt nicht einverstanden war. Ein perfektes Signal, um nachzufragen, was sie davon hält. So schafft man neuen Kontakt und Verbundenheit. Menschen sehnen sich in der Regel vor allem nach zwei Dingen: verstehen und verstanden werden.

Natürlich gibt es auch Momente, in denen jemand versucht, uns zu belügen. Achten Sie auf die Mikroexpressionen: Zuckt das Gesicht im allerersten Moment eines Vorschlags, um sich dann schnell zu einer anderen Mimik zu verziehen? Die allererste Reaktion war die authentische. Das Unterbewusstsein der anderen Person war schneller als das kontrollierende, manipulierende Bewusstsein.

Es gibt noch weitere Anzeichen. Ich schaue beispielsweise gern auf die Schultern. Die sogenannte Ohnmachtsgeste (Schultern gehen nach oben, Handflächen werden nach vorn gezeigt) mit den begleitenden Worten »Ich weiß es nicht« hat es in sich. Wenn Sie einer Person begegnen, die Ihnen sagt, dass sie nicht wisse, wo der Bericht bleibt, und Sie bemerken, dass nur eine Schulter nach oben geht, sollten Sie der Sache nachgehen. Mit sehr hoher Wahrscheinlichkeit wurden Sie soeben angeflunkert.

Daneben sind alle Abweichungen vom typischen Grundmuster einer Person bemerkenswert. Wenn Sie diesen Menschen gerade erst getroffen haben, sprechen Sie erst über Unverfängliches, um sein entspanntes Verhalten kennenzulernen. Wenn es dann ans Eingemachte geht, signalisiert die Person Unbehagen, beispielsweise durch reduzierte Kopfbewegungen, höhere Stimme, häufige Übersprunghandlungen, verlangsamte Sprechgeschwindigkeit, viele Füllwörter und unlogische Gegenfragen. Kommen mehrere dieser Indikatoren zusammen, ist die Wahrscheinlichkeit einer Lüge hoch.

Allerdings kann es auch sein, dass die andere Person sich gerade bedrängt fühlt, weil sie die Fragen als Anklage auffasst. Um dies auszuschließen, tun wir gut daran, Fragen nicht konfrontativ zu formulieren. Das bedeutet, nicht gleich eine Anschuldigung mitschwingen zu lassen. Glauben Sie beispielsweise, dass Ihr Partner in der letzten Nacht umtriebig war und das Bett anderweitig geteilt hat, dann können Sie am nächsten Tag harmlos und freundlich mit einem Lächeln auf den Lippen fragen, ob er oder sie letzte Nacht gut geschlafen hat. Während sich der ehrliche Partner über Ihr Interesse freut, kommt der unehrliche in Bedrängnis, fühlt sich ertappt und wird entsprechend reagieren.

Eine Meisterstrategie zum Entlarven von großen Lügen ist die Zeitreise. Gute Lügner bauen komplexe Lügengebilde. Die Details dazu sind erdacht, nicht erinnert. Werden die Befragten nun nach dem chronologischen Ablauf eines Ereignisses befragt, können sie diesen in der richtigen zeitlichen Abfolge logisch wiedergeben. Wenn man jedoch beim zweiten Durchgang, nachdem alles festgehalten wurde, zeitlich hin- und herspringt, (»Was geschah 15 Minuten, bevor du Lucy getroffen hast?«), dann haben Lügner extreme Probleme, eine stimmige Schilderung zu liefern, weil die Details ja nicht erinnert, sondern konstruiert sind. Das kostet Zeit und Energie, schließlich muss die »Geschichte« weiter passen. Ein so ins Straucheln kommender Schwindler lässt sich leicht entlarven.

Mein intuitives und mein explizites Wissen hat zwei Freunden und mir schon einmal die Haut gerettet. Zusammen waren wir im Urlaub in Thailand. Dort sprach uns eine attraktive Britin an. Aufgelöst rief sie, ihr Freund werde verprügelt, wir sollten doch bitte schnell helfen kommen. Doch die Emotionen, die sie spielte, erschienen mir nicht echt. Also sagte ich geradeheraus: »Ich glaube dir nicht.« Da wurde sie wütend und zog sich schließlich zurück. Später erfuhren wir, dass sie mit den Thais der örtlichen Kickbox-Schule befreundet war und dass es wohl eine Falle gewesen wäre, in die sie uns hineinlocken wollte. Diese hätten wir sicher nicht unbeschadet überstanden.

Schärfen Sie Ihre Intuition!

In unserer westlichen Kultur wird das Bewusstsein allein gesehen oftmals überschätzt. Doch ohne Intuition würden wir Gefahr laufen, uns in endlosen Pro- und Kontra-Listen zu verlieren und das Wesentliche, nämlich die Summe aller Teile, zu übersehen. Dann sehen wir sprichwörtlich den Wald vor lauter Bäumen nicht. So verbessern Sie die Zusammenarbeit Ihrer beiden »Datenverarbeitungssysteme«:

- **Hören Sie genauer zu!**
  So bekommen Sie mehr situationsbezogene Informationen, und das Unterbewusstsein kann sich ein runderes und angemesseneres Bild machen.
- **Reflektieren Sie!**
  Haben Sie gerade Emotionen, die möglicherweise Wahrnehmung und Output verzerren könnten? Wenn ja, dann lassen Sie sich möglichst Zeit mit einer Entscheidung, bis die stärksten Gefühle wieder abgeebbt sind.
- **Untersuchen Sie Ihre Glaubenssätze!**
  Basieren diese auf Ihren realen Erfahrungen, auf den Geschichten der anderen und der Medien oder gar auf Vorurteilen?
- **Sammeln Sie mehr Erfahrungen!**
  Je mehr Sie selbst erleben, desto mehr verlässliche Informationen stehen Ihnen zum Abgleich zur Verfügung. Wiederholen Sie dieselbe Erfahrung in verschiedenen Umfeldern! Was verändert sich, was bleibt gleich?
- **Informieren Sie sich!**
  Dort, wo Sie vorab keine eigenen Erfahrungen machen können: Schauen Sie sich Fallstudien an. Spielen Sie verschiedene Szenarien durch. Sprechen Sie mit Menschen, deren Intelligenz und Lebenserfahrung Sie schätzen, die Optionen durch. Bestenfalls haben Sie einen Mentor, der Ihnen langfristig zur Seite steht.

Einmal die Kellertreppe hinunter

Arbeite ich als Mentalist mit dem Bewusstsein oder mit dem Unterbewusstsein? Das ist eine gute Frage. Es ist unterschiedlich, welche Inhalte uns bewusst sind und welche nicht. Das gilt auch für unsere Gefühle. Fühlen wir uns schlecht und wissen eigentlich gar nicht so genau, warum? Dann ist die Wahrscheinlichkeit hoch, dass irgendetwas unterhalb unseres Wahrnehmungshorizonts uns runterzieht.

Wenn wir uns die Gesamtheit unseres Bewusstseins und Unterbewusstseins als Haus vorstellen, residiert das Bewusstsein im Erdgeschoss. Im Keller sind die Gefühle zu Hause. Manchmal kommen sie die Treppe hoch ins Erdgeschoss. Oft bleiben sie aber auch einfach da, wo sie sind, vor allem wenn sie schon lange da sind. Manchmal rufen sie aus dem Keller nach oben. Oder unser Verstand ruft in den Keller: »Ist da wer?« Das passiert, wenn wir aktiv versuchen herauszufinden, wie wir uns fühlen.

Nicht immer ist es ultimativ hilfreich, wenn alle unterbewussten Gefühle von einem engagierten Hobbypsychologen wie etwa der Mitbewohnerin ans Tageslicht gezerrt werden. Wenn nicht sinnvoll mit dem Ausgegrabenen umgegangen werden kann, verschlechtert sich dadurch möglicherweise die Befindlichkeit der Betroffenen. Wenn Sie sich schon länger mehr oder weniger unerklärlich schlecht fühlen, holen Sie sich lieber professionelle Unterstützung, um Ihre Kellerräume zu erkunden.

Wenn Sie ein Hypnotherapeut in Hypnose versetzt, ist die Aktivität im Erdgeschoss Ihres Bewusstseinshauses reduziert. Ganz ausgeschaltet ist sie aber nicht. Doch es kann durchaus leichter sein, einmal die Kellertreppe hinunterzugehen und sich anzusehen, was sich dort alles angesammelt hat und vor sich hin staubt. Ein bisschen unheimlich ist das vielen Menschen schon. Wer weiß, was für Monster im Keller wohnen? Fanden Sie es als Kind nicht auch ein bisschen gruselig, wenn Sie allein etwas aus dem dunklen Keller holen sollten?

Was hat da geholfen? Vermutlich, dass Sie sich klargemacht haben, dass es gar keine Monster gibt. Sondern dass Sie mit allem, was Sie dort finden, grundsätzlich auch umgehen können. Ja, es kann einen Moment lang zäh und anstrengend sein, dort einmal gründlich auszumisten. Wer räumt schon gern einen Keller auf? Aber glauben Sie mir, wenn Sie erst einmal den ganzen unnützen Krempel entsorgt haben, fühlt sich Ihr Leben ungleich leichter an. Denn diesen Krempel schleppen Sie wie einen Bleiklotz am Bein durch Ihr tägliches Leben. Wieso sollte man so etwas freiwillig tun? Ohne diesen Bleiklotz sind Sie frei, sich jederzeit dorthin zu bewegen, wo es Sie wirklich hinzieht. Gönnen Sie sich diese Erfahrung!

Der Wächter am Tor

Das Bewusstsein ist der Wächter am Tor zum Unterbewusstsein. In der Hypnose wird es »der kritische Faktor« genannt. Normalerweise ist das Bewusstsein tagsüber eingeschaltet. Dann kann ich Ihnen sagen »Sie können nun Ihren Namen nicht mehr aussprechen«, und Sie quittieren diesen Quatsch mit einem müden Lächeln. Ruht das Bewusstsein jedoch, dann geht eine Suggestion direkt ans Unterbewusstsein. Sind Sie hypnotisiert, können Sie tatsächlich Ihren Namen nicht mehr aussprechen, wenn ich es Ihnen suggeriere. Das funktioniert aber nur, wenn Sie hypnotisiert werden wollen. Der kritische Faktor im Bewusstsein ist die Instanz, die Dinge prüft und entscheidet: Das kommt rein, das nicht.

Hypnose kann uns helfen, ungeliebte Gewohnheiten ad acta zu legen, so zum Beispiel die Nichtraucherhypnose. Wozu brauchen wir so ein Instrument? Wir brauchen es, wenn es uns an emotionalen Impulsen fehlt, um mit dem Rauchen aufzuhören. Wir verändern uns nur über Emotionen. Eine reine Kopfentscheidung, mit dem Rauchen aufzuhören, funktioniert nicht. Wenn gerade ein geliebtes Familienmitglied an den Folgen des Rauchens gestorben ist, wird es den anderen leichter fallen, selbst aufzuhören. Ähnlich, wenn auch nicht ganz so stark, funktionieren Bilder von Raucherlungen oder Tumoren auf Zigarettenpackungen. Auch sie lösen einen emotionalen Impuls aus.

Allerdings kann der je nach psychischem Boden, auf den die Bilder treffen, auch in eine Trotzreaktion umschlagen. Einige Menschen rauchen dann erst recht, weil sie quasi beweisen wollen, dass ihnen so etwas nicht passiert.

Das ist ungefähr so angemessen wie der Fall eines Mannes, von dem ich neulich gelesen habe. Der wollte seine Rückenschmerzen mit einer innovativen, selbst entwickelten Therapie behandeln und spritzte sich sein eigenes Sperma in den Oberarm. Dass dies helfen könnte, dafür gibt es nicht den geringsten medizinischen Hinweis. Jedenfalls führte eine Überdosierung (drei Spritzen Sperma hintereinander) zu starkem Ausschlag und Schwellungen am Arm. Schließlich schleppte er sich doch zum Arzt, der das Problem wieder in den Griff kriegte.[16]

Worauf ich mit dieser Anekdote hinauswill: Egal wie potent, stark und toll wir sind: Ob sich Mutationen aufgrund von Karzinogenen in unserem Körper bilden, können wir nicht durch unsere Grandiosität beeinflussen. Wir können nur versuchen, die Wahrscheinlichkeit dafür zu reduzieren, indem wir unseren Körper möglichst wenig mit dem Dreck belasten, der beispielsweise in Zigaretten steckt.

Zurück zu den Emotionen, die uns helfen, das ungünstige Verhalten hinter uns zu lassen. Die sind natürlich besonders stark, wenn eine Frau schwanger ist. Sie möchte ihr Kind beschützen, mit allen zur Verfügung stehenden Mitteln. Aufgrund dieser starken Emotionen gelingt es vielen Schwangeren, spontan mit dem Rauchen aufzuhören, auch wenn sie zuvor lange mit der Abhängigkeit zu tun hatten. Die hypnotische Rauchentwöhnung füllt emotionale Lücken. Man spürt in den gesunden Nichtraucherzustand hinein: Wie fühlt es sich an, wenn wir kilometerweit mit unserer frischen Lunge laufen? Es ist eine holistische Visualisierung, ähnlich wie bei meiner Meditation, wie ich sie vor Bühnenauftritten praktiziere.[17]

Das positive Gefühl wird verankert und ist dann auch im Normalzustand abrufbar. Das ist alles. Sie werden nicht »verzaubert«, wenn Sie sich hypnotisieren lassen. Sie verlieren nicht Ihre Willenskraft, der Hypnotiseur sitzt nicht heimlich in Ihrem Kopf und steuert Sie von dort aus. Es ist ein weit verbreiteter Irrglaube, dass man bei der Hypnose schläft und willenlos ist. Das stimmt nicht. Hypnose ist eine Form der Kooperation. Die Person, die hypnotisiert wird, bekommt alles mit. Sie ist den Geschehnissen nicht ausgeliefert. Wenn Sie irgendetwas nicht wollen, wird der Hypnotiseur Sie nicht dazu bringen können. Alles, was Sie auf Bühnen sehen, ist auch von den Hypnotisierten so gewollt. Und es gibt sicher viele Menschen, die sich gern einmal einfach gehen lassen würden, vermeintlichen Blödsinn vor anderen machen würden, ohne sich um deren Reaktion zu scheren. Mit Hypnose erhalten sie quasi die Erlaubnis dazu – oder vielleicht auch die willkommene Ausrede dafür.

Gewohnheiten, so schädlich oder einschränkend sie auch sein mögen, vermitteln uns ein Gefühl der Geborgenheit. Die gute Nachricht: Trainieren Sie positive Verhaltensweisen oft genug, werden sie auch zur Gewohnheit. Am Anfang kostet sie die Veränderung Energie, denn wir brauchen erhöhte Aufmerksamkeit und Konzentration bei der Umsetzung. Aber es bleibt nicht so anstrengend. Im Gegenteil: Wenn Sie Ihr Ziel erreichen, wird Ihr Leben reichhaltiger, schöner, spannender und komfortabler sein.

Teilen Sie sich Ihre Kraftreserven auf dem Weg der Veränderung ein. Indem Sie kleine Schritte machen, die in ihrer Summe zum großen Ziel führen. Konzentrieren Sie sich im Alltag nur auf den nächsten Schritt. Sie werden es schaffen, wenn Sie einem Herzenswunsch folgen – und nicht bloß einer Modeerscheinung. Denn wenn eine Vision Sie nicht in Ihrem Innersten berührt, dann ist es nicht Ihre. Mit jedem Schritt, den Sie schaffen, dürfen Sie sich auf die Schultern klopfen, und Ihr Selbstbewusstsein kann sich gesundwachsen. Sie werden unabhängiger und selbstbestimmter.

Wenn Sie ein bestimmtes Anliegen haben, dann gehen Sie allerdings nicht zu einem Show-Hypnotiseur, sondern zum Hypnotherapeuten. Hier werden im geschützten Rahmen Denkmuster verändert: zur Angstlösung, zur Raucherentwöhnung und vielem mehr. In diesem Setting wird also ein ganz bestimmtes Ziel umgesetzt, damit das Leben künftig in positiveren Bahnen verlaufen kann. Sobald Klienten merken würden, dass ein Hypnotherapeut nicht seriös arbeitet, könnten sie sofort aussteigen.

Nehmen wir ein Beispiel: Würde ein unseriöser Hypnotherapeut zu einer Klientin sagen »Sie finden mich jetzt sehr attraktiv« oder »Sie öffnen sich der sexuellen Erfahrung«, dann würde das die Klientin sofort mitbekommen. Denn sie schläft nicht, auch wenn es von außen so wirken mag. Wenn man dann nicht die Reißleine zieht und später sagt: »Ich kann mich an nichts mehr erinnern«, dann möchte man sich auch an nichts mehr erinnern. In der Hypnose ist es wie im sonstigen Leben auch: Die Verantwortung für uns liegt immer noch bei uns selbst.

Hypnoseklienten stehen vor der Herausforderung zu unterscheiden: Will mein Therapeut Gutes für mich, oder möchte er mich für seine Zwecke beeinflussen? Kommen Sie zu dem Schluss, dass die Hypnose zu Ihrem Besten geschieht, kann diese sehr kraftvoll sein. Es gibt Naturvölker, bei denen internistische Eingriffe ohne Narkose stattfinden. Hierzulande wird sie beispielsweise bei der Zahnmedizin zunehmend eingesetzt.

Die Wahrnehmung von Schmerz, die sogenannte Nozizeption, ist etwas Subjektives. Wir können Schmerzen verstärken, indem wir uns auf sie konzentrieren. Bis zu einem gewissen Grad können wir sie auch ausblenden, wenn wir unsere Gedanken woanders hinlenken. Mithilfe von Hypnose funktioniert das besonders effektiv. Umgekehrt beeinflusst unser Gemütszustand, wie wir Schmerzen im Alltag empfinden. Rund 80 Prozent der Menschen mit Depressionen klagen auch über körperliche Schmerzen, besonders häufig über Kopf- und Rückenschmerzen.[18]

Zum einen mag das damit zusammenhängen, dass sie aufgrund der seelischen Spannungen den Kiefer verstärkt zusammenpressen. Das kann über Nackenverspannungen unter anderem zu Behinderungen im Blutfluss zum Kopf führen. Die Dysbalance setzt sich auch muskuloskeletal übers ganze System fort und führt zu Verspannungen an anderen Orten des Körpers. Dennoch wage ich zu behaupten, dass die daraus resultierenden Schmerzen zwar einen faktischen Grund haben, jedoch besonders stark von Menschen wahrgenommen werden, die unter Depressionen leiden.

In der Hypnose wird Schmerzwahrnehmung gesteuert, indem unsere Aufmerksamkeit woanders hingelenkt wird. Stellen Sie sich vor, Sie stoßen Ihren Fuß an einem Stein. Und gleichzeitig ruft jemand hinter Ihnen aufgeregt Ihren Namen, sodass Sie sich umdrehen. In dem Moment ist Ihre volle Aufmerksamkeit nicht beim Fuß, deshalb wird sich der Schmerz weniger intensiv anfühlen, als wenn Sie gewissermaßen Ihre Ruhe gehabt hätten.

Eine Person, die der Selbsthypnose mächtig ist, kann dem Schmerz sagen: »Ich bin nicht empfänglich für dich«, und ihn damit ausblenden. Der Effekt ähnelt dem Placebophänomen. Während meines Chemiestudiums faszinierten mich die Erkenntnisse aus der Pharmakologie und Toxikologie. Dort lernten wir: Je größer die Pille, desto stärker ist der Placeboeffekt. Ein vermeintliches Arzneimittel erzielt dann teilweise sogar eine Wirkung, ohne überhaupt Wirkstoffe zu enthalten. Einfach aufgrund der Erwartungshaltung des Patienten. Eine viermalige Einnahme am Tag hilft mehr als eine zweimalige. Je teurer das Produkt, desto besser die Wirkung. Und dabei hat eine Tablette noch die geringste Wirkung: Eine Injektion wirkt stärker. Dabei wirkt eine Spritze vom Chefarzt stärker, als wenn sie von der Schwester gegeben wird. Und ein scheininternistischer Eingriff, bei dem also eine OP vorgetäuscht wird, funktioniert manchmal so gut, als wäre es eine Wunderheilermethode. Mir scheint, der Placeboeffekt könnte Grundlage vieler schamanischer Methoden sein, bei der ja gewissermaßen auch eine Autorität einen großen Wirbel macht, vielleicht mit Trommeln und mit Masken, sodass dem Kranken suggeriert wird, gleich würde etwas sehr Machtvolles geschehen.

Der noch relativ junge Forschungszweig der Psychoneuroimmunologie liefert Erklärungen für den Placeboeffekt. Zwei psychologische Mechanismen spielen dabei eine große Rolle: Erwartung und Konditionierung. Konditionierung ist der Effekt, dass Ihnen schon das Wasser im Mund zusammenläuft, sobald Ihre Mutter beim Familientreffen zum Essen ruft – noch bevor Sie herzhaft zulangen. Denn Sie wissen bereits, dass es fantastisch schmecken wird. In derselben Art und Weise kann schon allein der Anblick eines vertrauenserweckenden Markenlogos einer Medizinfirma körperliche Reaktionen bei uns in Gang setzen. Weil wir eben gelernt haben, dass Dinge, die so verpackt sind, gut helfen. Allein dieser Gedanke führt zu Veränderungen des Nerven-, Hormon- und Immunsystems, die sich alle auf »Heilung« einstellen – und diese sogar in erstaunlich vielen Fällen effektiv katalysieren können.[19]

Ich finde, es hat Vorteile, wenn Menschen an etwas glauben. Nicht nur aus medizinischen Gründen. Menschen, die an etwas glauben, sind erfolgreicher, zielstrebiger und schneller. Glaube wirkt unterstützend, sofern das Glaubenssystem, das ich wähle, mich als Individuum unterstützt. Viele mono- aber auch polytheistische Religionen beinhalten schwierige Vorstellungen von der Rolle der Frau. Es ist die Frage, ob sie sich dadurch gestärkt oder eher geschwächt fühlt. Sicher hängt das sehr stark von ihrer individuellen Interpretation ihres Glaubens ab.

Grundsätzlich ist es aber so: Menschen, die an etwas glauben, haben Hoffnung. Dabei glaube ich persönlich nicht an die Strafe Gottes, wenn Menschen aus kulturell bedingten Verhaltensrichtlinien ausbrechen. In meinen Augen gibt es immer nur Konsequenzen – und vermutlich haben sich einige davon über die Jahrhunderte und Jahrtausende immer wieder als so konsistent erwiesen, dass daraus Regeln erschaffen wurden. Hier stützen wir uns also wesentlich auf das Erfahrungswissen unserer Vorfahren. Was davon im heutigen Kontext noch relevant ist, gilt es, für sich selbst zu überprüfen.

Ein beliebtes Mittel in der sogenannten Mindstyle-Szene sind Affirmationen. Es können simple Sätze sein wie »Ich bin erfolgreich« oder »Ich schaffe das«. Damit Affirmationen allerdings ihre Kraft entfalten können, muss die Basis stimmen. Ich kann mich nicht auf die Bühne stellen und überzeugend von etwas erzählen, von dem ich keinen blassen Schimmer habe. Da hilft mir auch nicht, wenn ich mir im Vorfeld 20.000 Mal gesagt habe, ich sei der beste Keynote Speaker der Welt. Die Vorbereitung muss stimmen. Es muss Wissen da sein, ein tragfähiges Fundament. Affirmation helfen dann, wenn wir so aufgeregt sind, dass wir unser vorhandenes Potenzial nicht voll ausschöpfen könnten, wenn wir uns nicht wieder beruhigen.

Wenn wir uns selbst kleiner machen, als wir sind, indem wir sagen: »Das geht bestimmt daneben«, dann hilft eine Affirmation, wieder das Niveau an Selbstbewusstsein zu erlangen, das angemessen ist. Aus diesem Zustand können wir erst die Leistung abrufen, zu der wir eigentlich fähig sind. Sie kann uns sogar anspornen, ein bisschen über uns hinauszuwachsen. Das geht aber nur mit einem guten Boden. Aus Luft kann man keinen tollen Vortrag machen. Es ist ganz einfach: Ich kann mir nicht sagen, dass ich toll in Chinesisch bin, wenn ich kein Chinesisch spreche. Da nützt eine Affirmation rein gar nichts. Ein paar Stunden mit dem Wörterbuch und ein paar Übungsaufgaben hingegen schon.

Inspiration aus dem Unterbewusstsein

Künstler haben die besondere Gabe, festgefahrene Bahnen im Bewusstsein niederzureißen. So manch einer soll sich dazu bestimmter Techniken bedienen: ein Glas Wein etwa oder ein gewisser Schlafmangel. Auf die ein oder andere Weise schaffen sie es, auch im Wachzustand in eine Art Trance zu verfallen, die dem Träumen ähnelt. Viele schaffen das natürlich auch ganz ohne Hilfsmittel von außen.

Um den Zugang zum Reich der unendlichen Möglichkeiten zu erhalten, gibt es eine Übung. Sie können sich beispielsweise vorstellen, irgendwo in Ihrem Bewusstsein gäbe es eine Tür. Hinter dieser Tür liegt Ihre eigene Verrücktheit, eine Welt wie bei Alice im Wunderland. Sie brauchen sich nicht wie Alice ins Kaninchenloch zu stürzen. Es reicht zunächst, wenn Sie gedanklich die Tür öffnen und einen Fuß auf das unbekannte Gelände stellen. Mit dem anderen Fuß bleiben Sie im normalen Tagesbewusstsein. Was passiert jetzt? Welche Impulse, Gedanken, Gefühle kommen plötzlich in Ihnen hoch? Vielleicht haben Sie vollkommen kontextfrei auf einmal das Bedürfnis, das Lied »Meine Oma fährt im Hühnerstall Motorrad« zu trällern. Tun Sie es (machen Sie diese Übung vorzugsweise zu Hause)!

Zunächst werden Ihnen die Ideen und Impulse, die nun erscheinen, reichlich zusammenhangslos erscheinen. Doch mit der Zeit ergibt sich ein neues Bild. Das Unterbewusstsein kommuniziert in Bildern, Geschichten und Gefühlen. So bricht die »Oma, die im Hühnerstall Motorrad fährt« trotz ihres Alters und der Erwartungen an sie einfach mal aus und ist dabei auch noch herrlich fröhlich. Was will Ihr Unterbewusstsein Ihnen damit also sagen?

Wer es ein wenig strukturierter mag, kann mit dem sogenannten inneren Betriebsrat eine Sitzung halten. Diese Methode hat der US-amerikanische Schriftsteller Napoleon Hill in den 30er-Jahren entwickelt. In seinem Motivationsbuch »Denke nach und werde reich« empfiehlt er, sich aus den eigenen Vorbildern einen inneren Betriebsrat zusammenzubauen. Wen Sie dort hineinsetzen, ist allein Ihnen überlassen: Einstein, Beyoncé, Nelson Mandela, Ihre Klassenlehrerin aus der Mittelstufe – wem auch immer Sie bis heute große Kompetenz zuschreiben. Dann befragen Sie die Leute aus deren Sicht: Was würde Einstein sagen, was würde Beyoncé sagen? Bauen Sie auch sehr gern einen verrückten Kreativen ein. Dann darf der Ergebnisse liefern, die der Übung oben nahekommen.

> *»Jeder seelische Eindruck wird früher oder später zum realen Ausdruck.«*
>
> Dr. Joseph Murphy, 1898–1981
> Autor des Bestsellers »Die Macht Ihres Unterbewusstseins«

Wecken Sie Ihre Kreativität!

Wie wird man kreativer? Das fragen mich die Leute immer wieder. Die grundsätzliche Antwort findet sich bereits bei Kindern. Sind Kinder von etwas begeistert, dann kommen sie in einen Zustand, der als »Flow« bezeichnet wird. Wenn wir begeistert und leidenschaftlich bei der Sache sind, dann schütten wir Dopamin aus – und das hilft uns dabei, kreativer zu werden. Das bezieht sich allerdings eher auf konkrete Problemlösungen.

Um völlig neuen Inspirationen Raum zu geben, gehen Sie am besten in der Natur spazieren. Die Farbe Grün assoziieren wir mit Vorangehen, die Farbe Rot hingegen eher mit Anhalten oder der Korrekturtinte unseres Lehrers zu Schulzeiten. Wer nicht viel Aufwand betreiben will, dem ist mit einem einfachen Kniff schnell geholfen!

Dr. Robert Ulrich von der Texas A&M University konnte in einer Studie belegen, dass Blumen und Pflanzen im Büro die Ideen der Angestellten um 15 Prozent ansteigen lassen. Wenn das kein Grund ist, das Büro und das Eigenheim mit schönen Pflanzen aufzuwerten! Denn auch zu Hause sind kreative Einfälle immer gern gesehen, habe ich mir sagen lassen.

Kreativität entsteht, wenn wir die richtigen Rahmenbedingungen schaffen: Sei es durch Spazierengehen, Entspannung oder Meditation. Kreativität kann allerdings auch behindert werden durch Verstrickung. Es gibt Menschen, denen es sehr schwerfällt, einer Person zu verzeihen, die ihnen Unrecht getan hat. Solange wir jedoch diesen Groll festhalten, kostet er uns Energie. Und solange wir Groll und Hass auf jemanden hegen, wird diese Person in unserem Unterbewusstsein immer präsent sein. Gleichzeitig hält uns Groll in einem bestimmten Denk- und Abwehrmuster gefangen.

Wir halten so stark an der Erinnerung fest, weil wir glauben, uns so besonders effektiv vor einer künftigen ähnlichen Situation schützen zu können. Es ist quasi das Fahndungsbild auf unserem inneren Radar, das ganz schnell Alarmstufe Rot auslöst, wenn etwas Ähnliches vorbeikommt.

Diese anhaltende unterschwellige Kampfbereitschaft hat allerdings verschiedene Nachteile. Wir wehren neue Möglichkeiten ab, weil wir sie als potenziell gefährlich einstufen. Dabei haben wir uns noch gar nicht eingehend mit dieser Möglichkeit beschäftigt, sondern projizieren einfach alte Erfahrungen auf die neue Situation. Schon schränken wir uns ein. Im Verteidigungsmodus reagieren wir zudem oft zu hart, wir reagieren über. Dabei fallen wir gleichsam von der anderen Seite des Pferdes wieder herunter, erreichen also nicht das, was wir eigentlich erreichen möchten.

Deshalb tun wir uns selbst einen Gefallen, wenn wir die Verstrickung mit früheren Ereignissen auflösen. Haben Sie eine Lektion gelernt? Die können und sollten Sie behalten, aber damit hat der Übeltäter von damals auch seinen Job erfüllt. Wir müssen ihn nicht noch ständig mit uns herumtragen und uns selbst bildhaft vor Augen halten, wie furchtbar eine Situation damals war.

Da diese Prozesse individuell begleitet werden müssen, empfehle ich an dieser Stelle, ein Coaching in Anspruch zu nehmen, wenn Sie etwas belastet. Je nach Erfahrung kann es auch eine Therapie sein. Niemand ist heutzutage mit seinem Päckchen auf sich allein gestellt. Mit professioneller Hilfe ist es leichter, den großen seelischen Rucksack auszupacken und zu überprüfen, was man wirklich noch weiter mit sich herumschleppen muss – oder will.

Prinz William aus dem britischen Königshaus erzählte jüngst auf dem Weltwirtschaftsforum in Davos davon, dass er eben solche Hilfe in Anspruch genommen hat.[20] Damit hat er vermieden, dass sich seine psychische Belastung zu etwas Schlimmerem auswächst. Auslöser waren wohl die täglichen Traumata gewesen, mit denen er im Rahmen seiner Tätigkeit als Rettungshubschrauberpilot konfrontiert gewesen war.

Die Zeiten, in denen es tabu war, sich seelische Unterstützung zu holen, sind endgültig vorbei, auch für die angesehensten, stärksten Männer. Es würde ja auch niemand komisch finden, zum Hausarzt zu gehen, wenn er einen Infekt hat. Coaching oder eine Therapie bedeuten nicht, dass wir schwach sind, sondern dass sie uns noch stärker machen. Ich selbst habe Coaching in Anspruch genommen, um Muster hinter mir zu lassen, die mich bei der Erfüllung eines wunderbaren Lebens behindert hatten, und ich bin sehr dankbar dafür.

Um eine Verstrickung loslassen zu können, brauchen wir das Gefühl, dass wir jetzt sicher sind und dass wir uns selbst vertrauen können, in Zukunft bedrohliche oder unangenehme Situationen frühzeitig zu erkennen und so vermeiden zu können. Wenn wir uns von der Verstrickung befreien, lassen wir auch gleichzeitig Projektionen fallen.

Kennen Sie die Situation, dass Sie schon einmal einen Menschen abgelehnt haben, obwohl Sie ihn oder sie eben erst kennenlernten?

Nicht weil dieser Mensch gleich irgendetwas Schlimmes gemacht hat, sondern weil er oder sie einer anderen Person ähnelt, die Ihnen in der Vergangenheit Ärger oder Kummer bereitet hat und der Sie vielleicht noch nicht verziehen haben. Die Ähnlichkeit kann optischer Natur sein, es kann an der Stimme liegen, oder vielleicht trägt die arme Person, die nun Ihre Ablehnung zu spüren bekommt, einfach nur denselben Namen.

Solange die darunterliegende Verstrickung nicht aufgelöst ist, können Sie sich zwar in einem anstrengenden Prozess immer wieder bewusst machen, dass Sie gerade projizieren. Dann können Sie versuchen, sich selbst davon abzubringen. Dazu müssen Sie sich aber quasi immer wieder von Neuem davon überzeugen. Das funktioniert auch nur solange, wie Sie gerade daran denken. Erst wenn Sie Altes tatsächlich losgelassen haben, kann Ihre Intuition wieder frisch und unverfälscht zu Ihnen sprechen. Solange dies nicht der Fall ist, wird Ihre Kreativität immer mehr oder weniger blockiert oder ausgebremst – Sie leben also nicht Ihr volles Potenzial und kommen nicht weiter im Leben.

Ein Talent schließt das andere nicht aus

In meinem Leben gibt es einen roten Faden. Es ist die Lust an der Veränderung, am Neuen. Meine besten Fächer in der Schule waren Mathematik, Physik, Biologie und Chemie. Die meisten würden mich wohl nun als Nerd abstempeln. Es war einfach meine Leidenschaft und ist es auch heute noch.

Was mir zu Schulzeiten an den Naturwissenschaften besonders gefiel, war die klare Verbindung zwischen »Ich lerne etwas« und »Ich bekomme gute Noten«. Alles war logisch, rational und somit für mich leicht zu erfassen. So studierte ich mit Herzblut Chemie und promovierte schlussendlich in diesem Gebiet.

Lange Zeit glaubte ich, quasi als Preis für diese Begabung, in Sprachen schlecht zu sein. Bis sich durch Reisen ins Ausland dieses Verhältnis völlig auf den Kopf stellte. In Australien lernte ich, fließend und mühelos Englisch zu sprechen, in Kolumbien kam Spanisch hinzu – und darüber hinaus entwickelte ich auch noch meine Französischkenntnisse aus der Schule weiter. Das macht Spaß, denn es ermöglicht mir, überall in der Welt mit Menschen in Kontakt und ins Gespräch zu kommen. Tatsächlich ist es so: Ich rede einfach gern. Und ich probiere gern Dinge aus. Ideale Voraussetzungen für den Fremdsprachenerwerb.

Nach Canberra, Australien, ging ich für ein Chemiepraktikum an die Australian National University. Dort stand ich bei Prof. Martin Banwell im Chemielabor und führte Reaktionen in Organischer Chemie durch. Möglicherweise würde ich den Laborkittel noch immer tragen, hätte nicht damals meine Praktikumsbetreuerin vorgeschlagen, dass ich eben dieses Praktikum im Ausland machen könne, um endlich meine Englischkenntnisse zu verbessern. Sie würde da jemanden in Canberra kennen, mit deutschen Vorfahren, der wäre sehr nett, den solle ich doch mal fragen. Gesagt, getan – und so landete ich in Australien.

Ich organisierte alles selbst: Stipendium, Visum, Studentenwohnheim – obwohl mein Englisch zu diesem Zeitpunkt wirklich noch bescheiden war. Nach dem Praktikum ging ich in Australien auf Rucksackreise. Dabei lernte ich meinen Freund Ian kennen, einen Kanadier aus Sakatoon. Lustigerweise waren wir beide in ähnlichen Bereichen ausgebildet, er war Chemieingenieur. Aber Chemie war bei uns nie wirklich ein Thema, wir waren damit beschäftigt zu feiern und unsere Zeit in Australien zu genießen.

Ian und ich trafen uns in Melbourne. Das war meine erste Station nach Canberra gewesen. Im Hostel fanden wir uns beide in der Küche wieder. »Wie geht's, wo kommst du her?« Es war gleich eine Verbindung da, die »Chemie« stimmte sprichwörtlich vom ersten Moment an.

Ian ist ein herrlich lustiger Lebemann. Abends holte er seine Karten hervor und zauberte mit ihnen. Er hypnotisierte Leute, pflanzte Suggestionen, sodass sie beispielsweise in diesem Moment ihren Arm nicht mehr heben oder ihren eigenen Namen nicht mehr aussprechen konnten. Die Leute im Hostel waren begeistert und ich ebenso. Schon oft hatte ich Zauberkunst gesehen, und sie hatte mich bis dato kaum interessiert. Doch als ich sah und spürte, wie viel Spaß er dabei hatte, stellte sich in mir plötzlich eine Verbindung dazu her. Seine Effekte waren nicht unbedingt besser als das, was ich zuvor gesehen hatte. Aber er machte definitiv die bessere Show.

Magie auf der Bühne besteht zu 30 Prozent aus Handwerk, 70 Prozent macht die Show aus. Die ganze Sache lebt von der Person auf der Bühne, und wie diese eine Verbindung mit den Menschen im Publikum herstellt. Ob man sympathisch ist, lächelt, ob Resonanz da ist. All das beherrschte mein Freund meisterlich, und dafür liebten ihn die Leute.

Sogar abends vor der Disko konnte er uns einen Vorteil verschaffen. Als der Türsteher uns abweisen wollte, weil es drinnen bereits so voll war, sagte Ian: »Oh wait, wait, wait.« Der Türsteher rauchte gerade eine Zigarette. Diese Zigarette nahm mein Freund mit den Worten: »Vertrau mir.« Und drückte sie auf seinem weißen Hemd aus. Doch es war kein Loch drin! Dann nahm er einen australischen Dollarschein, formte daraus eine Rolle, klopfte darauf, und die Zigarette fiel aus der Geldscheinrolle heraus. Der Türsteher war so fasziniert, dass er uns anschließend sogar umsonst hineinließ. Das fand ich lustig – und beeindruckend. Ich wollte wissen, wie er das machte. Doch mein Freund war verschwiegen: »Can't tell you.« Dass er es mir nicht einfach verriet, war gut, denn so war meine Neugier geweckt. Ich wollte ergründen, was hinter den Effekten steckt, wollte Neues ausprobieren.

Zurück in München kaufte ich mir Bücher und DVDs zum Thema, besuchte Seminare und brachte mir alles selbst bei. Im Internet kann man Tausende Magic-DVDs kaufen. Da wird beispielsweise erklärt, wie Kartenkunststücke funktionieren. Etwas Fingerfertigkeit gehört schon dazu. Meine frisch erlernten Künste probierte ich zunächst an den Leuten in der Gemeinschaftsküche meines Studentenwohnheims aus. Am Anfang kostete mich das Überwindung. Ich war ja noch nicht so geübt – und wenn jemand sieht, wie etwas funktioniert, dann ist die Show vorbei.

Wenn man sich selbst etwas noch nicht wirklich zutraut, bemerken das die Leute sofort. Doch ich lernte schnell, hatte so eine Lust darauf, dass ich die DVDs förmlich verschlungen habe. So hatte mich die Leidenschaft in der Chemie noch nie gepackt. Schließlich hatte ich 300 DVDs zum Thema Suggestion, Mentalismus und Zauberkunststücke im Regal.

Allerdings brauche ich auch immer wieder neue Impulse. Deshalb entwickelte ich mich vom Bühnenmentalisten weiter, wurde Keynote Speaker. Das heißt, dass mich beispielsweise Firmen buchen, um bei ihren Veranstaltungen zu bestimmten Themen Vorträge zu halten. Ein paar faszinierende Effekte peppen allerdings weiterhin viele meiner Vorträge auf. Die Kombination aus Wissen, Unterhaltung und Inspiration machen so den Vortrag für die Teilnehmer zu einem einmaligen Erlebnis.

gilt das auch für dieses Buch?

KAPITEL 4

SICH SELBST VERWIRKLICHEN – ABER WIE?

Ein Lob auf die Selbstständigkeit

Selbstständige sind zufriedener als Angestellte, so das Ergebnis einer Studie der University of Durham.[1] Wer selbstständig ist, arbeitet zwar oft mehr, ist aber gemäß einer Umfrage der Fachhochschule Nordwestschweiz (FHNW) glücklicher als im Angestelltenverhältnis.[2] Frei gewählt macht die Selbstständigkeit glücklich.[3] Selbstständige sind besonders engagiert und weisen mehr Motivation auf, so eine Studie der Universitäten Sheffield und Exeter. Und 66 Prozent der Befragten sind (meistens) glücklich in ihrer Selbstständigkeit. Tatsächlich würden sich 42 Prozent der Deutschen gern selbstständig machen, um sich selbst zu verwirklichen.[4]

Um in der Selbstständigkeit Erfolg zu haben, braucht man Leidenschaft[5] und viel Geduld, vor allem zu Beginn. Jeder, der sich selbstständig macht, stößt in diesem Prozess auch mal auf Hindernisse, Unvorhergesehenes, Unplanmäßiges. Dinge laufen nicht immer so, wie man will. Genau dann kommt die Leidenschaft ins Spiel. Sie verleiht uns eiserne Disziplin und ermöglicht gleichzeitig, spielerisch und unverkrampft am Ball zu bleiben. Wie Kinder können wir so neue Wege suchen, Dinge ausprobieren und optimieren.

Das Erfolgsrezept für alle, die bereits ihrer Leidenschaft folgen, lautet: Verändern Sie nicht das Ziel, verändern Sie wenn nötig den Weg dorthin. Selbstverständlich muss das Ziel inspirierend sein – nicht nur für den Selbstständigen, sondern vor allem für die Menschen, die er mit seinem Angebot erreichen will.

Wenn mir selbst alles wurscht wäre, könnte ich beispielsweise als Optionshändler ultimativ viel Geld machen. Irgendwann würde ich dann allerdings vermutlich morgens aufwachen, vom Bett aus an die Decke starren und sagen: »Mist, die letzten 20 Jahre sind irgendwie an mir vorbeigegangen, und mir fehlt der Sinn bei dem, was ich tue.«

Dass ich mit meiner Selbstständigkeit auf dem richtigen Weg bin, merke ich daran, wie inspiriert ich bin. In der Chemie hätte ich das so niemals erleben können. Ich hätte geforscht, es hätte funktioniert, doch es hätte mir niemals das gegeben, was mir mein jetziger Job gibt. Für mich ist die Bühne kein Job oder Beruf. Es ist meine Berufung.

Ich komme aus einem eher bescheidenen Elternhaus. Mein Vater verbrachte sein ganzes Leben bei ein und demselben Arbeitgeber. Er war ein Kind der Nachkriegsgesellschaft. Als er geboren wurde, war Lindau noch von französischen Soldaten besetzt. Mit einer solchen Prägung funktioniert natürlich sein Angstsystem ganz anders als meins.

Meine Generation ist in einer Gesellschaft aufgewachsen, die viele verschiedene Möglichkeiten beinhaltet. Bei meinen Eltern spielten Angst und die Vermeidung von Verlust eine große Rolle. Meine Mutter war Arzthelferin und half außerdem bei meinem Onkel, einem Steuerberater, ein bisschen aus. Im Wesentlichen habe ich sie aber als Mutter und Hausfrau erlebt. Sie hat drei Kinder großgezogen, meine beiden Schwestern und mich. Wir lebten bescheiden und achteten auch in der Außendarstellung darauf.

Mein Vater fuhr einen Volkswagen, an Luxus gab es kein Interesse. Das Auto meines Vaters spiegelte sein Wertesystem. Mein Vater wurde 1996 in Sheffield Vizeweltmeister im Schwimmen in seiner Altersklasse, da war er 56 Jahre alt. Sein Bruder, mein Onkel Fritz, wurde 2014 Weltmeister in der Altersklasse 80+. Groß darüber gesprochen oder gar zur Schau getragen wurden diese Titel aber nicht. Im Gegenteil: Immer wenn mein Vater eine Anerkennung bekam, machte er sie gleich wieder klein. Anstatt sich dafür zu bedanken und einfach mal offen zu freuen. Es ärgerte mich, als ich mit den Jahren bei mir selbst erkannte, dass ich dieses Muster übernommen hatte: sich selbst immer kleiner zu machen, als man eigentlich ist.

Es gibt Menschen, die sagen mehr oder weniger direkt: Geld verdienen ist schlecht, Geld verdirbt den Charakter, Geld ist die Wurzel allen Übels und so weiter. Eine frühere Freundin sprach so, genau wie ihr Vater. Man war gegen die Reichen, die Bonzen. Einmal waren wir gemeinsam nachmittags bei McDonalds, wo ein Basketballkollege von mir bediente. Ich fragte ihn, ob er uns noch etwas geben könnte, falls Essen übrig bleibt. Meine damalige Freundin sagte: »Das darf man doch nicht. Fragen, ob man noch mehr kriegt.« Da wurde mir bewusst, wie limitierend ihr Glaubenssatz war. Heute haben wir keinen Kontakt mehr, ich weiß nicht, wie sie jetzt darüber denkt.

Oftmals liegt einem miserablen oder zumindest unfairen Einkommen zugrunde, dass man in der Kindheit eingeprägt bekommen hat, Armut (wahlweise Bescheidenheit) sei eine Tugend und Reichtum etwas Böses. Ist dies der Fall, wird unser Unterbewusstsein versuchen, das vermeintlich schmutzige, böse Geld von uns fernzuhalten.

Dagegen hilft, Geld völlig nüchtern und aus rein sachlicher Sicht zu betrachten: Es ist bloß ein Tauschmittel und kann per se nicht gut oder böse sein. Es besteht aus nichts weiter als Papier, Kupfer oder Zahlen auf dem Bildschirm. Was wir daraus machen, ist uns überlassen. Wir können sehr viel Gutes in die Welt bringen, wenn wir die Ressourcen dafür haben. So ist es mir zum Beispiel wichtig, starke Umsätze zu generieren, die jedes Jahr steigen. Denn damit kann ich immer mehr kompetenten Menschen Arbeit geben und mein Team ausbauen.

Für mich ist Freiheit sehr wichtig. Deswegen ist die Selbstständigkeit für mich ideal. Ich habe nur zwei Bewerbungen geschrieben in meinem Leben. Für den Zivildienst und für mein Stipendium in Australien. Den Zivildienst habe ich im Lindauer Altersheim gemacht, als Hausmeister. Ich drehte Glühbirnen rein, wechselte mal den Klodeckel, aber im Wesentlichen ging es darum, mit den dort wohnenden Menschen zu reden. Vielleicht war das die erste Station, in der ich wirklich in Fluss kam, denn ich hatte die Möglichkeit, ihnen etwas zu geben.

Egoismus, die Fixierung auf uns selbst, kommt von Angst, nämlich von der Angst, nicht genug zu sein. Durch anregende Unterhaltungen konnte ich Menschen etwas geben, ihnen schöne Momente bereiten. Mein Fokus weitete sich nach außen. Es bestätigte sich der Spruch, den einst der Apostel Paulus in der Bibel Jesus zuschrieb: »Geben ist seliger als nehmen.«

Als Selbstständiger muss man ständig verhandeln. Im Angestelltenverhältnis ist das bei Bewerbungsgesprächen oder der Frage nach einer Gehaltserhöhung auch der Fall. Für gute Verhandlungen braucht man ein starkes Selbstbewusstsein und einen guten Selbstwert. Es ist wichtig, dass wir uns sagen: »Ich bin etwas wert, und deswegen vertraue ich meiner Intuition.« Wer sich selbst sagt, dass er nichts wert sei, hält seine innere Stimme ganz klein und hört lieber auf alles andere, was von außen kommt. Dieser Mensch handelt dann aber nicht zu seinen Gunsten, sondern zu den Gunsten anderer. Typische Burn-out-Situationen haben ihren Ursprung darin, dass sich jemand an den ständigen Ansprüchen anderer aufgerieben hat, ohne die eigenen Bedürfnisse zu achten.

Ich selbst habe aus jedem meiner Fehler gelernt. Beispielsweise bestehe ich heute darauf, dass ich eine Flasche stilles Wasser auf der Bühne brauche, weil ich sonst einen trockenen Mund vom Reden bekomme. Damit bestimmte Dinge auf der Bühne funktionieren, muss sie eine bestimmte Größe haben. All das halte ich mittlerweile vor meinen Auftritten vertraglich fest. Finden Sie heraus, welche Rahmenbedingungen Sie brauchen, um Ihr Optimum zu geben!

Im Verhandlungsgespräch können wir unser Gegenüber am besten beeinflussen, indem wir ihm oder ihr tatsächlich zuhören. Es gibt einen Spruch: »Fachidiot haut Kunde tot.« Das haben viele schon einmal erlebt: Sie wollen im Technikmarkt etwas einkaufen, und der Verkäufer hält einen ellenlangen Monolog. Dabei wollten Sie ihn eigentlich etwas ganz anderes fragen. Wenn Sie genervt genug sind, gehen Sie einfach unverrichteter Dinge wieder.

Der Fehler des Verkäufers: Er hat nicht gefragt, wozu Sie das, was Sie suchen, eigentlich brauchen. Um eine perfekte Lösung für den Kunden anbieten zu können, muss der Verkäufer oder Anbieter erst einmal zuhören. Genau so habe ich es in den ersten Jahren meiner Selbstständigkeit gemacht (heute macht das meine Managerin Antje für mich): Erst einmal genau fragen, um welche Art der Veranstaltung es sich handelt, wie viele Leute kommen, wird Deutsch oder Englisch gesprochen? Wie soll der Anspruch sein, soll es ein eher nüchterner Vortrag sein oder eine Show? Dann zeichne ich ihnen das Bild, das sie sich wünschen. Ich formuliere mein Angebot mit allen Eckpunkten, die sie genannt haben, und verwende ihr eigenes Vokabular dazu. Dann schreibe ich ihnen noch einen Nutzen dazu, beispielsweise: »Ein Highlight, was Ihre Mitarbeiter so noch nicht erlebt haben.«

Weiterentwickeln und Neues entdecken

Gerade einmal 26 Jahre war er alt, als Albert Einstein 1905 erstmals seine Relativitätstheorie formulierte, die die Welt verändern sollte. Seinen Erkenntnissen haben wir unter anderem Fernsehen und GPS (Global Positioning System via Satelliten) zu verdanken und tatsächlich auch die Kernkraft und den Solarstrom.[6]

Kurzum: Unsere moderne Welt würde nicht funktionieren, wie sie es tut, wäre Einstein nicht seiner Intuition gefolgt. Denn das tat er. Bis er nämlich seine Relativitätstheorie umfassend logisch begründen konnte, vergingen noch zehn Jahre. Dementsprechend sprach er seiner Fantasie und Neugier den höchsten Stellenwert bei seinen Entdeckungen zu.[7]

»Ich glaube an Intuition und Inspiration, und das ist wichtiger als Wissen. Denn Wissen ist begrenzt, während Phantasie die ganze Welt umfaßt, den Fortschritt anregt und Bewertungen auslöst. Streng beobachtet ist es ein realer Faktor in der wissenschaftlichen Forschung.«

Albert Einstein, 1879–1955
Physiker

Zuvor hatte sich beim Chemiker August Kekulé (1829–1896) im 19. Jahrhundert Ähnliches abgespielt. Wie der Psychoanalytiker Carl Gustav Jung (1875–1961) berichtete, erschien nach Jahren verzweifelter Forschung Kekulé der Aufbau des Benzolmoleküls im Traum. Es war eine Schlange, die sich in den Schwanz beißt. Dieses Bild brachte Kekulé auf die entscheidende Idee. Er erkannte, dass die Atome im Benzolmolekül eine ringförmige Struktur bilden. Auf Basis dieser Eingebung gelang es ab den 1860er-Jahren, verschiedene synthetische Farbstoffe zu produzieren, die Firmen wie Bayer und BASF satte Gewinne bescherten.[8]

Im Universum ist alles ständig in Bewegung. Deshalb ist Stillstand ein unnatürlicher Zustand. Das Benzolmolekül bewegt sich, als ob es atmen würde. In jedem Molekül gibt es abstoßende und anziehende Kräfte. Das ist ein bisschen wie bei menschlichen Beziehungen. Wenn wir zu nah dran sind, haben wir zu viel Reibung, zu viel Interaktion. Dann brauchen wir ein bisschen Distanz, von wo aus wir uns wieder neu anziehen.

Auch Beatles-Star Paul McCartney war inspiriert. Er hörte 1963 eine Melodie im Traum. Sie war anders als alles andere, was er bis dahin geschrieben hatte. Er war fasziniert, machte sich jedoch auch Sorgen, dass es die Melodie schon geben könnte. Zur Sicherheit spielte er die Melodie so ziemlich jedem vor, den er kannte. Doch niemand erkannte sie. Schließlich nahmen die Beatles 18 Monate später diese Melodie auf und feilten sie aus.[9] 1965 erschien »Yesterday« auf dem Album »Help!«, stürmte die Charts und landete in vielen Ländern wochenlang auf Platz eins. Heute gehört dieses Lied zu den meistgecoverten der Musikgeschichte.

»Durch die Logik beweisen wir,
aber durch die Intuition entdecken wir.«

Jules Henri Poincaré, 1854–1912
Mathematiker und Physiker

Forschergeist

Führende Wissenschaftler setzten und setzen also ihr Unterbewusstsein ein. Wie es Murphy formulierte: »Wir wissen viel mehr, als wir denken!« Nur manchmal fällt uns der Zugang schwer. Vielleicht liegt das daran, dass wir uns mit zu wenig neuem Input versorgen, der gleichzeitig bereits abgespeicherte Wissensschätze aktiviert und aufwertet.

Kleine Kinder fragen gern wieder und wieder: »Warum?« Das kenne ich von meinem Neffen Elias, als er noch klein war. Der lachte dann bei der zunehmenden Verzweiflung der Erwachsenen, wenn sie irgendwann keine Antworten mehr wussten. Wenn sie dann sagten: »Jetzt reicht es, jetzt ist gut.«

Ich fand Elias' Fragen immer toll – dabei stieß meine ständige Neugier in der Schule auch nicht immer auf Gegenliebe. Einige meiner Lehrer missverstanden meine ständigen Rückfragen und hielten mich für vorwitzig: »Ach, dann komm gleich raus, dann machen wir fix mal eine mündliche Note.« Heute denke ich mir: Pädagogisch gesehen haben solche Lehrer ein starkes Potenzial zur persönlichen Weiterentwicklung. Selbstbewusste und kompetente Lehrer braucht das Land, dann fänden auch mehr Leute Fächer wie Chemie, Physik und Biologie wieder spannend!

Gerade das Hinterfragen des vermeintlich Offensichtlichen, dessen, was nicht infrage gestellt werden soll, bringt uns weiter. Insbesondere wenn das sogenannte Offensichtliche uns einschränkt. Hätten Frauen das vor rund 100 Jahren nicht getan, hätten sie noch immer kein Wahlrecht und müssten ihren Ehemann um Erlaubnis fragen, wenn sie arbeiten wollten. Unvorstellbar, wenn man die starken und innovativen Unternehmerinnen unserer Zeit anschaut.

Sara Blakely, geb. 1971, wurde im Alter von 41 Jahren laut Forbes die jüngste Self-made-Milliardärin Amerikas.[10] Das hat sie mit ihrer Strumpfhosenfirma »Spanx« erreicht. Bestimmt eine Überfliegerin, denken Sie? Schauen Sie genauer hin.

Sara glänzte nicht gerade in der Schule, sie versuchte sich danach erfolglos als Stand-up-Comedian. Sie versemmelte die Aufnahmeprüfung zum Jurastudium gleich zweimal und durfte bei Disney World nicht einmal das von ihr gewünschte Goofy-Kostüm tragen, mit dem sie Kinder bespaßen wollte, sondern nur das eines Chipmunks. Sieben Jahre lang verkaufte sie anschließend Faxgeräte. Dabei musste sie fast täglich mit Zurückweisungen umgehen, berichtet sie. Doch Sara nahm es als Lebenslehre und lernte mit der Zeit, wie man aus einem »Nein« ein »Ja« macht. Als sie eines Tages die Füße ihrer Strumpfhose abschnitt, merkte sie, dass sie ein brauchbares Produkt in der Hand hielt: eine schlank machende, nahtlose Unterwäsche, von der niemand weiß, dass man sie trägt.

Während sie tagsüber zunächst weiter Faxgeräte verkaufte, arbeitete sie abends am Spanx-Prototypen. Anschließend klopfte sie auf der Suche nach einem Hersteller monatelang an die Türen der Fabriken in North Carolina und bekam nur Zurückweisungen, bis schließlich eines Tages ein Mann mehr aus Mitleid zusagte.[11]

Diejenigen, die sie zuvor abgelehnt hatten, dürften sich jetzt mächtig ärgern. Sara nimmt es mit Humor. Sie selbst sagt: »Eine meiner größten Schwächen ist gleichzeitig eine meiner größten Stärken: unterschätzt zu werden.«

»Es ist wichtig, dass man gewillt ist, Fehler zu machen. Das Schlimmste, was passieren kann, ist, dass Sie einen Eindruck hinterlassen.«

Sara Blakely, *1971
Unternehmerin, Gründerin und CEO von Spanx Inc.

Eine weitere Milliardärin, die mit nichts anfing und sich allein hocharbeitete, ist Michelle Mone.[12] Die Gründerin der weltweit bekannten Dessous-Marke »Ultimo« wuchs in einem verarmten Teil von Glasgow auf, verließ die Schule mit 15 ohne Abschluss und wurde mit 18 schwanger. Als ihr Vater aufgrund einer seltenen Krankheit gelähmt wurde, arbeitete Michelle als Model, um ihre Eltern zu unterstützen. Schließlich »erfand« sie ihre Qualifikationen, um einen Marketingjob bei der Brauerei Labatt zu ergattern.

Binnen zwei Jahren schaffte es die damals 24-Jährige zur Leiterin des schottischen Vertriebs- und Marketingteams, von dem sie jedoch wieder entlassen wurde. Mittlerweile hatte Michelle zwei Kinder. Sie entschied sich, nun eine eigene Firma zu gründen, mit dem Fokus auf BHs. Als sie von einem Silikonprodukt las, das ein neues, flexibleres und natürlicheres BH-Modell ermöglichen könnte, erwarb sie die europäische Lizenz und schuf damit den patentierten Ultimo-BH.[13]

Die Geschichten dieser starken Frauen lehren uns: Auch wenn sie nicht den leichtesten Start ins Leben hatten, waren sie nicht verpflichtet, die Misere fortzusetzen.

KAPITEL 5

AN FEHLERN WACHSEN

Interpretationen prüfen

In Deutschland ist es beinahe die Norm zu jammern, sonst wirkt man irgendwie ein bisschen komisch. In der Münchner U-Bahn mache ich mir manchmal einen Spaß daraus, andere Menschen anzulächeln. Viele schauen mich dann an, als hätte ich Drogen genommen (das mache ich grundsätzlich nicht).

Ich provoziere mit Absicht. Ein bisschen diabolisch? Ich glaube, dass man sich nur erkennt, wenn man in irgendeiner Weise mit dem eigenen Verhalten konfrontiert wird, sei es durch das Spiegeln oder eben das krasse Gegenteil. Hierzulande wirkt man verdächtig, wenn man länger als drei Tage am Stück gut drauf ist. Dabei ist es total legitim und vor allem natürlich, gute Laune zu haben. Das hier ist Ihr Leben, Sie bestimmen, wie Sie sich fühlen möchten. Und es ist egal was andere denken.

Wie wir unsere Umstände interpretieren, liegt an uns. Sagen wir, es regnet. Eine mögliche Interpretation, die dann in erschreckend vielen Köpfen stattfindet, ist: »Mein Leben ist Mist.« Oder in abgemilderter Form: »Draußen ist schlechtes Wetter.« Wertfrei betrachtet ist Regen aber zuallererst Wasser, das vom Himmel fällt. Das kann, wie uns vor allem in einem heißen, trockenen Sommer bewusst wird, auch positive Aspekte haben.

Was wir aus einer Situation machen, ist unsere Entscheidung. Manchmal, wenn ich zur U-Bahn laufe und es regnet etwas, dann mag ich es sogar, keinen Regenschirm dabei zu haben. Es fühlt sich ein bisschen an wie früher, erinnert an das Abenteuer der Kindheit, als man noch fröhlich quietschend durch den Regen rannte und in Pfützen hüpfte. Vielleicht liegt sogar noch der vertraute Geruch in der Luft, wenn es im Sommer auf heißen Asphalt regnet.

Oft halten wir unsere Gedanken und Schlussfolgerungen für wahnsinnig logisch, obwohl sie es gar nicht sind. Ein Beispiel liefert Markus Knauff, Psychologieprofessor an der Universität Gießen: Wir sehen, die Straße ist nass. Und wir wissen: Wenn es regnet, ist die Straße nass. Also folgern wir: Es hat geregnet. Klingt logisch? Nicht unbedingt. Es könnte genauso gut sein, dass kurz zuvor die Stadtreinigung vorbeigekommen ist.

Zur vorschnellen Generalisierung neigen sowohl unser Bewusstsein als auch unser Unterbewusstsein. Es spart uns nämlich weitere Informationsverarbeitung und ein echtes Abwägen von Interpretationsmöglichkeiten. Im Alltag ist dieser Energiesparmodus meistens nicht tragisch. Er sorgt dafür, dass noch geistige Ressourcen für wichtige Gedanken übrig bleiben. Wenn Sie jedoch sehr schnell gegen einen anderen Menschen urteilen, ohne ihn oder sie zu kennen, sollten Sie sich überlegen, ob Sie gerade einer unzulässigen Generalisierung oder gar einem Vorurteil aufgesessen sind. Und ganz besonders, wenn sich eine Schlussfolgerung gegen Sie selbst richtet: Nehmen Sie diese nicht gleich für bare Münze!

Wenn etwas im Leben so richtig schiefläuft, stellt das natürlich unser Interpretationssystem vor Herausforderungen. Mir ist es auch schon passiert, dass einem Kunden ein Vortrag von mir nicht so gut gefallen hat. Im ersten Moment fühlte es sich an wie ein Dolchstoß, als er mir das sagte. Ich konnte kaum atmen. Ich konnte ja nichts mehr rückgängig machen! Doch dann beschloss ich, konstruktiv mit dieser Niederlage umzugehen. Ich analysierte die Kommunikation im Vorfeld, die Erwartungen, was hätte man anders machen können? Als ich merkte, dass mir das Thema des Vortrags nicht so gelegen hatte, zog ich eine

Konsequenz daraus: Dieses Thema ist nicht mehr Teil meines Vortragsrepertoires. Wir tun uns selbst und anderen einen großen Gefallen, wenn wir uns auf das fokussieren, was wir wirklich gut können.

Bei niemandem läuft alles immer rund. Nur gehen wir in der Regel nicht mit unseren Niederlagen hausieren, deshalb erfahren wir nicht so viel von den anderen darüber. Wir brauchen aber eine gute Fehlerkultur, um unserer Intuition folgen zu können. Dinge dürfen schiefgehen. Wenn wir uns das nicht erlauben, dann drücken wir die Intuition schnell weg, wenn sie nach uns ruft. Lassen Sie uns also sogar davon ausgehen, dass ab und zu mal was danebengeht. Oder kennen Sie einen Menschen, bei dem noch nie was schiefgegangen ist? Ich nicht!

Menschen, die im Beruf Erfolg haben, verfolgen dieselbe Mentalität wie erfolgreiche Sportler: Sie testen sich aus, suchen ihre Grenzen, fallen hin, stehen auf und machen weiter. Halten Sie sich nicht selbst unnötig zurück! Prüfen Sie bei alten Denkmustern: Bewähren sich diese wirklich immer noch? Und welche Normen und Prämissen lege ich meinen vermeintlich rationalen Überlegungen zugrunde?

»Erfolg bedeutet, von Fehler zu Fehler zu gehen, ohne seine Begeisterung zu verlieren.«

Winston Churchill, 1874–1965
ehemaliger britischer Premierminister

Selbstsabotage erkennen und überwinden

Im sogenannten Neuro-Linguistischen Programmieren (NLP) spricht man von zwei Zuständen: dem Existieren und dem Nicht-Existieren. Unser Bewusstsein funktioniert ähnlich wie ein Computer: Beide bauen auf der Logik 0 und 1 auf. Das Unterbewusstsein hingegen ist assoziativ und macht andauernd *Und*-Verknüpfungen, wie gut die nun passen oder nicht. Daraus entstehen assoziative Ketten – und die können uns hin und wieder auch zum Stolpern bringen.

Etwa wenn ein Kind mit sehr strengen, restriktiven Eltern aufwächst. Dann kann es im Unterbewusstsein einen Glaubenssatz anlegen: »Ich mache etwas (egal was) *und* werde ausgeschimpft.« Aus einer solchen Assoziation kann eine allgemeine Hemmung entstehen, überhaupt in irgendeine Handlung zu gehen. Das hält an bis weit ins Erwachsenenalter. Wenn der Glaubenssatz nicht aufgelöst wird, tragen wir ihn nach einem unerfüllten Leben vielleicht sogar mit ins Grab. Rückblickend auf dem Sterbebett müssen wir uns dann vielleicht eingestehen: Es ist nicht viel passiert in unserem Leben. Dann bedauern wir versäumte Chancen, ungelebte Träume, unausgedrückte Gefühle.[1] Selbst wenn wir im Lauf unseres Lebens mit einem solchen limitierenden Glaubenssatz im Hintergrund aktiv werden: Solange er nicht ausgeheilt wird, provozieren wir aufgrund dessen womöglich unbewusst immer wieder Situationen, in denen wir dann tatsächlich Ärger oder Stress bekommen.

In der Regel sind das keine gravierenden Dinge, wir reden hier nicht von Ärger mit der Polizei oder etwas in dieser Art. Die Selbstsabotage verläuft viel subtiler. Beispielsweise verdient diese Person dann als Erwachsene eine Summe X als Selbstständige und vergisst, dies rechtzeitig dem Finanzamt zu melden. Plötzlich bekommt sie dann finanziell jede Menge Druck. Auf der partnerschaftlichen Ebene wird vielleicht versäumt, eigene Bedürfnisse anzumelden, aus Angst, durch diese Handlung die Beziehung zu gefährden. Wer jedoch Hobbys, Freunde, Zeit für sich selbst dauerhaft aufgibt, obwohl er sich eigentlich danach sehnt, fühlt sich schlussendlich nur noch wie ein Zombie, wie eine Marionette anderer – und dabei hat diese Person selbst einen großen Anteil daran, dass es so weit gekommen ist.

Aufgrund der Vorannahme »Wenn ich etwas mache, bekomme ich Ärger« wird vor sich hin vegetiert oder auf Zehenspitzen durchs Leben geschlichen, um irgendwann möglichst unbehelligt und ohne Auseinandersetzung das eigene Grab zu erreichen. Der wahrhaftige Kontakt mit anderen wird vermieden, aus Angst, ihm nicht gewachsen zu sein. Doch was in der Kindheit vielleicht ein Stück weit stimmte, passt im Erwachsenenalter einfach nicht mehr.

Als Erwachsene haben wir die Fähigkeit und die Ressourcen, uns mit anderen auseinanderzusetzen und für das einzustehen, was wir wirklich wollen und brauchen. Versuchen Sie es, und Ihr ganzes Leben wird sich ändern. Nein, es werden nicht alle mitziehen und sich fortan nach Ihren Bedürfnissen richten. Vermutlich werden sogar eine ganze Reihe von Beziehungen, auch freundschaftlicher Natur, erst einmal wegbrechen, wenn Sie plötzlich so etwas wie einen eigenen Kopf haben. Denn wenn Sie sich bisher nur danach gerichtet haben, was andere von Ihnen erwarten, dann haben Sie sich mit hoher Wahrscheinlichkeit ein soziales Umfeld aufgebaut, das genau das von Ihnen erwartet. Lassen Sie diese alten, seelisch nicht nahrhaften Kontakte wegbrechen, und Sie werden etwas Erstaunliches merken:

Die Lücke wird ganz schnell, oftmals beinahe nahtlos gefüllt von neuen Menschen. Nämlich solchen, die es schätzen, wenn jemand eigene Meinungen und Interessen pflegt. Sie werden seelisch und stimmungsmäßig einen Aufschwung erfahren, wie Sie es nie für möglich gehalten haben. Gleichzeitig werden Sie sich auch im Berufsleben anders verhalten. Der Chef oder ein Auftraggeber verlangt Unmögliches in zu kurzer Zeit? Statt brav zu nicken und sich halb tot zu arbeiten, werden Sie nun von Anfang an sagen, dass der Wunsch so nicht erfüllbar ist, aber Sie beispielsweise mit ein, zwei Wochen mehr Zeit diesen Auftrag gern annehmen und ein hervorragendes Ergebnis abliefern werden.

Mit der Zeit bilden sich im Unterbewusstsein neue assoziative Ketten. Daraus entsteht der Glaubenssatz: »Ich mache etwas und werde dafür belohnt.« Glückwunsch – Sie sind nun im Leben angekommen, im prallen, erfüllenden und selbstbestimmten Leben.

Von Geburt an bis zum Alter von sechs, sieben Jahren, so argumentieren einige Psychologen, befinden wir uns alle quasi in einer Trance – ähnlich einem meditativen oder gar Hypnosezustand. Denn bei kleinen Kindern wird ein Daueranteil an sogenannten Theta-Wellen gemessen. In dieser Phase lernen wir vor allem durch Beobachtung. Und im Zuge dessen eignen wir uns sehr tiefe, feste Muster an. Das sind eben jene, die wir selbst am wenigsten wahrnehmen, weil sie uns so selbstverständlich erscheinen. Dabei prägen sich die Grundzüge unserer Persönlichkeit aus. Doch wenn uns diese für unser Leben nicht dienlich sind, sind wir nicht dazu verdammt, sie bis zum Ende mit uns herumzutragen. Zum Glück gibt es bewährte und einfache Verfahren, um unser Gehirn – und damit unsere Einstellung und dadurch unseren Lebensweg – grundlegend positiv zu beeinflussen.

Mit Achtsamkeit und Meditation den Geist verändern

»Zweck und Resultat der Meditation ist nicht ein Erkennen im Sinn unserer westlichen Geistigkeit, sondern ein Verschieben des Bewusstseinszustandes, eine Technik, deren höchstes Ziel eine reine Harmonie, ein gleichzeitiges und gleichmäßiges Zusammenarbeiten von logischem und intuitivem Denken ist.«

Hermann Hesse, 1877–1962
Schriftsteller, Dichter und Maler

Als Apple-Gründer Steve Jobs durch Indien reiste, war er fasziniert von der tief spirituellen Kultur und der Ästhetik des schlichten Lebens. Vor allem aber war es die Art und Weise, wie die Leute dachten, die seine Produktdesigns später maßgeblich beeinflussten. Dem Autor Walter Isaacson erzählte Jobs für seine Biografie: »Die Menschen auf dem Land in Indien nutzen ihren Intellekt nicht wie wir, ihre Intuition ist viel weiter entwickelt als im Rest der Welt. Intuition ist meiner Meinung nach etwas sehr Mächtiges, mächtiger als der Intellekt.[2] Das hatte einen großen Einfluss auf meine Arbeit.«[3]

Seit dieser Reise praktizierte Steve Jobs Achtsamkeit und Meditation.[4] Weil er beschloss, seiner Intuition zu folgen, belegte er viele »Zufallskurse« und las Bücher, die scheinbar nichts mit seiner Arbeit zu tun hatten. Doch aus all dem Gelernten ging Apple als Resultat hervor. Jobs versuchte, auch andere große CEOs davon zu überzeugen, nach Indien zu fahren. Google-Gründer Larry Page war einer derjenigen, die auf ihn hörten.

»Lassen Sie nicht den Lärm der Meinungen anderer ihre eigene innere Stimme übertönen.«

Steve Jobs, 1955–2011
Unternehmer, Mitgründer und langjähriger CEO von Apple Inc.

Wenn ein Mensch hypnotisiert wird, geht er oder sie erst einmal in eine leichte Trance, den sogenannten Alpha-Zustand. Das ist einfach ein entspannter Wachzustand. Bei großer Entspannung sinkt er weiter in den Theta-Zustand.[5] Diese Trancetiefen lassen sich anhand der Gehirnwellen mit der Elektroenzephalografie (EEG) messen. Dabei werden Elektroden auf bestimmten Stellen des Kopfes befestigt und so die elektrische Aktivität der Hirnrinde aufgezeichnet.

Bei regelmäßig Meditierenden erhöht sich der Anteil der Alpha-Wellen. Dadurch sind sie nicht nur allgemein entspannter. Gleichzeitig steigt ihre Konzentrations- und Selektionsfähigkeit.[6] Meditation erhöht auch die Empathiefähigkeit und die Fähigkeit zu Gamma-Wellen um ein Vielfaches.[7] Gamma-Wellen befähigen unseren bewussten Geist zu Spitzenleistungen, Aufnahmefähigkeit und Reaktionen sind extrem geschärft.

Durch regelmäßige Meditation kann sich tatsächlich die ganze Struktur des Gehirns verändern. Das ist das Prinzip der Neuroplastizität.[8] Das Gehirn kann sich ein ganzes Leben lang anpassen. Ideal zu diesem Zweck ist die sogenannte nicht direktive Meditation.[9] Dabei versucht man nicht, sich auf ein bestimmtes Bild oder eine bestimmte Szene zu konzentrieren, sondern distanziert sich gewissermaßen vom Affentheater des Bewusstseins. Oft genug schnattern ja die Gedanken so hektisch durcheinander, dass wir allein davon schon gestresst sind.

Bei der nicht direktiven Meditation lernen wir, uns nicht mehr mit unseren Gedanken zu identifizieren. Das Bewusstsein ist der blaue Himmel, an dem hin und wieder Wolken – also die Gedanken – vorüberziehen. Man kann sie anschauen, aus verschiedenen Blickwinkeln betrachten und dann dabei zusehen, wie sie sich verändern, auflösen oder weiterziehen.

Wer diese Übung ein paarmal gemacht hat, gewinnt eine gesunde Distanz zu seinen Gedanken und begreift sie folglich eher als Werkzeug, dessen man sich bedienen kann – oder auch nicht. Das hilft enorm bei der Impulskontrolle und kann so manchen Streit oder eine übertriebene Handlung schon im Vorfeld verhindern. Diese Methode wird von manchen Autoren auch »offenes Gewahrsein« oder einfach »Achtsamkeit« genannt. Sie verstärkt vor allem die Theta-Wellen des Gehirns (4 bis 8 Hertz).[10]

Richten wir hingegen unsere Aufmerksamkeit ganz auf ein bestimmtes Objekt, fallen wir in die sogenannte konzentrierte Aufmerksamkeit. Sie hat eine Tradition im chinesischen Qi Gong und Zen-Buddhismus, aber auch im indischen Vipassana. Sie produziert Spitzengehirnwellen bis zu 30 Hertz, also die sogenannten Gamma-Wellen – selbst wenn das Objekt der Wahl eine einfache Kerzenflamme ist. Viele Praktizierende wählen aber als Objekt ihrer Konzentration das Mitgefühl mit allen Lebewesen. In den Gehirnregionen, die für das Verarbeiten von Emotionen und Sinnesreizen zuständig sind, steigt die Aktivität.

Schließlich gibt es noch die Transzendentale Meditation (TM), die sich grundlegend von den anderen Meditationstechniken unterscheidet. Sie wurde vor rund 60 Jahren von Maharishi Mahesh Yogi (1918–2008) in den Westen gebracht und prägte nicht unwesentlich die Hippie-Zeit. Sie gilt nach über 380 wissenschaftlichen Studien in 160 verschiedenen Fachzeitschriften[11] als eine der effektivsten Entspannungstechniken der Welt.

Ziel ist es dabei, die Gedankenaktivität vollkommen hinter sich zu lassen, zu transzendieren. Stellen Sie sich ein Flugzeug vor, das durch die Wolkendecke bricht. Ab einer gewissen Flughöhe sind Sie über den Wolken. So funktioniert das auch mit dem Geist. Es ist möglich, einen

Zustand vollkommener Stille jenseits der Gedanken zu erreichen. Was wir dann erfahren, ist reines Bewusstsein.

Aus diesem Zustand heraus können wir auf all unsere Möglichkeiten gleichermaßen zugreifen. Es gibt nichts, was die Wahrnehmung trübt oder auf Abwege lenkt. Dabei ist der Meditierende nicht etwa »weggetreten«, sondern befindet sich in einem Zustand ruhevoller Wachheit. Als Hilfsmittel wird im Sitzen mit geschlossenen Augen immer wieder im Geiste ein Mantra aufgesagt: einzelne Worte oder kurze Wortfolgen. Sie können sich etwas Eigenes aussuchen, das für Sie eine positive Bedeutung hat, oder auf Platzhalter wie etwa das klassische »Om« ausweichen. TM-Praktizierende empfehlen zweimal täglich 20 Minuten.

Meditation führt außerdem zu einer positiven Grundstimmung und mehr Optimismus, wie unter anderem eine Studie des Neuropsychologen Dr. Richard Davidson von der Universität Wisconsin zeigt.[12] Der Wissenschaftler wies bei buddhistischen Mönchen mit vielen Jahren Meditationspraxis vermehrt neurologische Muster nach, wie sie für eine fröhliche Stimmung typisch sind. Dabei ist der linke Frontalcortex des Gehirns bei Frohnaturen aktiver als bei unglücklicheren Menschen.

Wichtigstes Fazit des Forschers: Glück kann man lernen, und wer übt, wird immer besser! Gleichzeitig stiegen die Gamma-Wellen bei den Mönchen steil an, wenn sie meditierten. Wir erinnern uns: Das ist der geistige Hochleistungsmodus und Voraussetzung für extreme Konzentration. Wollen wir also mehr Erfolg im Beruf oder bei der Bildung haben, sollten wir unbedingt diese Hirnforschungserkenntnisse für uns nutzen. Bei der Meditation geht es nur vordergründig um Entspannung. Eigentlich geht es um eine tief greifende, positive Veränderung unseres Seins.

Wenn wir bedenken, dass uns bis zum Alter von sechs Jahren unsere Umwelt massiv und nachhaltig beeinflusst, sollten wir alle wie bei einem Frühjahrsputz die Meditation nutzen, um nicht Nützliches wieder rauszukehren. Schließlich sind es die tief eingegrabenen neurologischen Pfade von damals, die uns im Hier und Heute immer noch daran hindern, unseren Träumen zu folgen.

Bereits ein achtwöchiges Meditationstraining kann zufriedener und entspannter machen. Auch als Dr. Davidson mit »Normalsterblichen«, also mit Nicht-Mönchen, eine Meditationsstudie durchführte, zeigten diese nach dem Training eine positivere Lebenseinstellung. Neurologisch gesehen war ihr linkes Frontalhirn aktiver geworden – daher die gute Stimmung. Auch als sie im Anschluss daran vier Monate lang nicht meditierten, war die Veränderung auf allen Ebenen weiterhin messbar.

Was unsere Wahrnehmung beeinflusst

Wie wir bereits gesehen haben, arbeitet das Unterbewusstsein mit assoziativen Ketten, wobei es verschiedene Dinge nach dem »Und«-Prinzip verknüpft. Die Verknüpfungen unseres Bewusstseins arbeiten dagegen gern nach dem »Wenn-dann«-Prinzip. Dabei ist uns längst nicht alles bewusst, was unser Denken und Verhalten steuert. Wir deuten alles, was passiert, vor unserem kulturellen Hintergrund,[13] geprägt von Wörtern unserer jeweiligen Muttersprache, die bereits die Wahrnehmung steuern.

Die Schotten beispielsweise haben viel mehr Wörter für Schnee, als wir es haben, und differenzieren seine Qualität auf diese Weise viel feiner. 421 Wörter für Schnee haben Wissenschaftler der Universität Glasgow zusammengetragen.[14] Dort, wo die genaue Kommunikation über das Wetter überlebensentscheidend sein könnte, hat sie sich entsprechend zugespitzt.

Pikant daran ist die Hypothese des Linguisten Benjamin Lee Whorf (1897–1941), die er 1940 in den wissenschaftlichen Raum warf und die seitdem die Debatte der Sprachwissenschaftler mitprägt: Sprache prägt unser Denken. Wenn wir für etwas kein Wort haben, neigen wir dazu, es weniger wahrzunehmen.

Sprachwissenschaftler haben ein ganz besonderes Problem, wenn sie beispielsweise Texte in andere Sprachen übersetzen sollen: Viele Wörter lassen sich nicht direkt übersetzen. Dann wird das nächstbeste gesucht, und daraus können sich die Aussagen der Texte zumindest in Nuancen, manchmal aber auch massiv verändern. Kleine Übersetzungsfehler können weitreichende Konsequenzen haben. So streiten sich beispielsweise Bibelforscher darüber, ob die »Jungfrau Maria« nicht eigentlich einfach eine »junge Frau« war.[15]

Warum ist das relevant? Nun, unter anderem basierend auf dem Jungfrauenkult fühlten sich unzählige gläubige Frauen über Jahrhunderte nur rein, wenn sie keinen Sex hatten. Sex bekam im kulturellen Denken eine schmutzige Qualität, die einigen mehr, anderen weniger bewusst war. Wie viele sexuelle Hemmungen, Frustrationen, unglückliche Verbindungen aus diesem Denken möglicherweise entstanden sind, ist nicht systematisch erfasst.

Kehren wir zurück zur »Wenn-dann«-Verknüpfung des Bewusstseins. Viele Menschen in den vergangenen Jahrhunderten wuchsen mit dem Glaubenssatz auf: Wenn ich Sex außerhalb der Ehe habe, dann komme ich in die Hölle. Zumindest ist es eine höllische Vorstellung, dass gelebte Sinnlichkeit und körperliche Zuwendung zu einer geliebten Person gleich mit dem ewigen Fegefeuer bestraft werden soll.

Durch unsere Sprache werden also Schubladen definiert, in die wir unsere Erlebnisse stecken. Aber nicht nur das, auf Basis unserer jeweiligen kulturellen Prägung verflechten wir auch noch diese Schubladen miteinander und treffen Annahmen über mögliche Zusammenhänge und Konsequenzen. Es braucht einen reifen Geist, um diese Verflechtungen und Schubladen, die uns von Beginn an beigebracht wurden, infrage zu stellen.

Reisen und der Austausch mit Menschen aus anderen Kulturen katalysiert diesen Prozess. Wenn ich hier einen guten Rat geben darf, dann wäre das wohl: Versuchen Sie, so oft wie möglich, sich zu verwirren!

Weil die meisten von uns nicht permanent reisen können, lassen Sie uns gezielt nach neuen Sichtweisen in Zeitungen suchen, die wir normalerweise nicht lesen. Sprechen wir mit Leuten, die nicht unserem üblichen sozialen Umfeld entsprechen. So öffnen wir unseren Geist. Andere Perspektiven helfen uns, unsere eigenen Sichtweisen überhaupt erst klar zu erkennen. Dann können wir überprüfen, ob sie für uns weiterhin Gültigkeit haben. Wenn ja, werden sie sich durch diesen Prozess verfestigen. Vielleicht möchten wir sie aber aufgrund guter Argumente der anderen ein bisschen anpassen.

Auch wenn wir sehr achtsam sind und immer wieder bei uns selbst einchecken, haben die Menschen in unserem Umfeld doch einen erheblichen Einfluss auf uns, unser Denken und unser Wohlbefinden. Der berühmte Motivationstrainer Jim Rohn (1930–2009) formulierte die sogenannte Fünf-Leute-Regel:[16] Jeder Mensch sei der Durchschnitt der fünf Leute, mit denen er die meiste Zeit verbringt.

Das ist natürlich plakativ und lässt die Möglichkeit der inneren Abgrenzung außer Acht. Es legt aber einen sehr wertvollen Ratschlag nahe: Umgeben Sie sich mit Menschen, die Sie schätzen. Mit einem Freundeskreis, der Ihnen guttut; im Berufsleben mit Leuten, die in Ihrem Bereich erfolgreich sind. Wenn Sie toxische Menschen so gut wie möglich meiden, wird Ihr Leben leichter, und Sie kommen besser voran.

Sie werden merken, wie allein durch diese Maßnahme Ihr gesamtes Denken positiver wird und ihr Leben in Fluss kommt, womöglich mehr, als Sie es bisher kannten. Denn es ist unfassbar energieaufwendig, bei sinnlosen Angriffen und schlechter Laune immer nur gegenzuhalten und zu versuchen, über Wasser zu bleiben, wenn andere uns in ihren Abwärtsstrudel hineinziehen wollen.

Seien Sie also konsequent, und trennen Sie sich von Menschen, die lästern, die nicht loyal sind und Ihnen Ihren Erfolg nicht gönnen. Sie werden umgehend Ihre Lebensqualität steigern und schaffen vor allem gleichzeitig Raum für wundervolle Menschen, die mit Ihnen in eine wechselseitige Inspiration und Unterstützung gehen.

Opferbewusstsein und saure Trauben

Während wir negative Muster bei anderen meist gut erkennen können, fällt uns das bei uns selbst eher schwer. Der Spruch, der Jesus zugeschrieben wird, kommt nicht von ungefähr: Wir sehen den Splitter im

Auge unseres Bruders, doch den Balken in unserem eigenen Auge sehen wir nicht. Die eigenen Muster zu erkennen ist schwer.

Ein guter Hinweis darauf, dass wir ein negatives Muster leben: Wir wünschen uns ein Ergebnis, erzielen jedoch immer wieder ein ganz anderes. Was passiert da bloß?

Es gibt durchaus Menschen, die sich in gewisser Weise selbst bestrafen oder sich Erfolg nicht erlauben, weil dieser im Unterbewusstsein mit irgendeiner Form von Schmerz verknüpft ist. Wurden in der Herkunftsfamilie sichtbar erfolgreiche Menschen abgelehnt? So wird im Unterbewusstsein des heranwachsenden Kindes der Glaubenssatz angelegt: »Wenn ich erfolgreich werde und diesen Erfolg auch sichtbar nach außen trage, dann werde ich von meiner Familie abgelehnt, ausgeschlossen.«

Dieser Gedanke tut weh, und diese vermeintliche Konsequenz wollen viele lieber vermeiden. Für Menschen, deren Impulse quasi immer und mit Strafen unterbunden wurden, kann es sich sogar gefährlich anfühlen, überhaupt zu handeln, überhaupt aktiv zu werden.

Eigentlich ist eine Aktion etwas Positives, weil sie uns voranbringt. Doch wenn das Unterbewusstsein meint zu wissen, dass dann unvermeidlich die Strafe kommt, verfällt diese Person in Passivität. Ihr bleibt nur noch, Dinge auszuhalten, egal wie unerträglich sie sein mögen.

Das ist die Wurzel des sogenannten Opferbewusstseins. Besonders problematisch ist dabei, dass sich unser Gehirn gern selbst bestätigt. Das funktioniert bei so einer Prägung dann folgendermaßen: Wenn mich niemand bestraft, dann bestrafe ich mich eben selbst, indem ich mir immer wieder Stolpersteine auf meinem Weg einbaue.

Unser Unterbewusstsein und unsere Glaubenssätze steuern uns in eine gewisse Richtung. Ist es in unserem engen sozialen Umfeld beispielsweise so, dass über reiche Menschen, über die »Bonzen« gelästert wird, wird der daraus entstandene Glaubenssatz alles tun, um zu verhindern, dass wir auch so werden. Das kann sich grundsätzlich nur dann auflösen, indem wir uns diesen Glaubenssatz bewusst machen, ihn überprüfen und gegebenenfalls auflösen. Würden Ihre Eltern Sie wirklich verstoßen, wenn Sie besser verdienen würden als jetzt gerade? Das ist wohl eher selten der Fall.

Die meisten Menschen trauen sich allerdings nicht, so tief zu schauen. Sie bleiben lieber beim Konzept »saure Trauben«. Weg vom Geld-Beispiel, hin zum Dating: Ein Mann, der sich seines limitierenden Glaubenssatzes nicht bewusst ist, sieht eine schöne Frau in einer Bar. Sein Unterbewusstsein glaubt – aus welchen Gründen auch immer –, er könnte bei einem Flirtversuch mit ihr einen Korb kassieren, der sein Ego verletzt. Also beginnt er, diese Frau, die er eigentlich toll findet, gedanklich abzuwerten. Plötzlich ist diese tolle Frau in seinen Gedanken arrogant oder hat beispielsweise »bestimmt nichts in der Birne«.

Damit schützt dieser Mann vor allen Dingen sein Ego. Er hält die kognitive Dissonanz nicht aus, diese Spannung zwischen »eigentlich könnte, möchte, würde ich« und »das geht nicht, weil ich nicht gut genug bin«. Dissonanz im Kopf kostet Kraft. Es gibt eine konstruktive und einfache Art, damit umzugehen.

Die schlichte beseitigt das schlechte Gefühl schnell, hält uns aber gefangen in der Welt der Selbstzweifel und unerfüllten Wünsche. Die Anziehung, die Attraktivität der anderen Person wird heruntergespielt. So ist es in Ordnung, dass dieser Mann nicht über seinen Schatten springt. Er hat die andere Person mental entwertet, damit er seinen eigenen Schmerz über seinen Glaubenssatz nicht spüren muss: Dass er sich selbst nicht für wertvoll genug hält.

Die weitaus konstruktivere Methode mit starker Anziehung umzugehen ist – zumindest für Singles: einfach mal ansprechen. Wenn man nicht bei dieser tollen Frau landet, hat man einfach die Erkenntnis: Okay, sie ist nicht interessiert. Warum sie nicht interessiert ist, geht mich nichts an und hat möglicherweise noch nicht einmal etwas mit mir zu tun. Und schon gar nicht mit meinem wunderbaren, reichhaltigen und vielfältigen Wesen – denn das kann sie nach so kurzer Zeit gar nicht kennen. Also spare ich mir die Interpretation, was an mir oder ihr vielleicht nicht stimmt. Stattdessen bedanke ich mich für das Gespräch und wünsche dieser weiterhin wundervollen Frau einen schönen Abend.

Natürlich muss man für so eine Vorgehensweise mit sich selbst im Reinen sein. Wenn wir uns wirklich lieben, also akzeptieren und annehmen, so, wie wir sind – dann ist es egal ob andere das tun. Dann versetzt es uns nicht so einen Stich. Denn es tut vor allem dann weh, wenn das Desinteresse der anderen Person auf eine offene Wunde in unserem Inneren trifft. Es streut dann gleichsam Salz in die Wunde. Das Salz würde aber nicht wehtun, wenn die Haut – oder in dem Fall die Seele – gesund und heil wäre.

In jeder Situation mit einem Hindernis hilft zudem die »Worst Case Imagination«. Was ist denn der schlimmste Fall, der eintreten könnte? In diesem Fall die Zurückweisung dieser Dame. Damit hat es sich aber auch schon. Es gibt kein offizielles Register für Zurückweisungen, wo sie alle abgespeichert werden, wir haben also nichts zu befürchten.

Das gilt für andere Situationen in unserem Leben ebenso! Wir müssen Wagnisse eingehen, auf unsere Intuition statt bloß auf die Angst hören und Dinge ausprobieren. Nur so können wir unser Leben gestalten. Wollen wir zusehen, wie andere unsere Wünsche und Sehnsüchte realisieren, oder wollen wir das Steuerrad wieder selbst in die Hand nehmen?

Ein Nein ist nicht schlimm. Wir alle sagen zu anderen auch mal Nein, wenn sie mit Interesse auf uns zukommen. Weil irgendetwas nicht passt. Das heißt aber nicht, dass diese Person nicht hervorragend zu jemand anderem passen würde. Nein zu sagen heißt nicht, den anderen Menschen abzuwerten. Nein heißt dann nur: Ich bin nicht das Puzzleteil, nach dem du suchst. Dein Match wirst du woanders finden.

Wenn wir ein Nein höflich und charmant akzeptieren, bewahren wir Haltung und Würde. Dann kratzt es nicht einmal am Ego, wenn wir sagen müssen: »Schade, schönen Abend noch, ciao.« Wir haben uns nichts vergeben, indem wir die Person angesprochen haben, sondern im Gegenteil noch beim Abgang bewiesen, dass wir tatsächlich ein toller Mensch sind. Wer in so einer Situation aggressiv wird, womöglich die andere Person noch beleidigt oder beschimpft, zeigt nur eins: dass er ziemlich wenig von sich selbst hält.

Hat eine Person kein Interesse an uns – na und? Davon sterben wir nicht. Es gibt immer andere Möglichkeiten, das Leben geht weiter. Wer jedoch einer anderen Person die Macht gibt, seinen Wert zu definieren, der entmachtet sich selbst. Niemand hat das Recht, unseren Wert zu definieren, außer wir selbst.

Zudem sollten wir unrealistische Erwartungshaltungen ablegen. Die Wahrscheinlichkeit beim Dating, dass wir gleich beim ersten Kontakt mit dem anderen Geschlecht (oder gleichen Geschlecht, je nach Veranlagung) unseren Traumpartner finden, ist doch äußerst gering. Mit einer vernünftigen Portion Realismus im Hinterkopf wissen wir: Wenn es doch so kommen sollte, dann war das ein seltener Glückstreffer.

In dieser Hinsicht unterscheidet sich Dating kaum von einer Unternehmensgründung. Nach fünf Jahren sind die Hälfte der neu gegründeten Unternehmen wieder weg vom Fenster.[17] Manchmal passt die Idee nicht zum Markt, manchmal hapert es an der Umsetzung, manchmal fehlte die nötige Portion Leidenschaft dahinter.

Eine Unternehmensgründung muss man wollen, man braucht Ehrgeiz, man muss sich auf die Suche nach den richtigen Kontakten, Methoden, Möglichkeiten begeben. Gleichzeitig muss man flexibel genug sein, um nicht krampfhaft an einer Sache festzuhalten, wenn etwas anderes möglicherweise viel besser funktioniert.

Es ist eine schwierige Gratwanderung herauszufinden, wann eine Sache Biss erfordert und wann man besser loslassen sollte. Wichtig ist, die eigenen Schritte immer genau zu analysieren und aus Fehlern zu lernen. Gleichzeitig entwickelt man Routine in den Dingen, die funktionieren. Insgesamt wächst der Mensch als Unternehmer kontinuierlich weiter, wird klarer und fokussierter, genau wie sein Unternehmen.

KAPITEL 6

GUT MIT SICH SELBST UND ANDEREN UMGEHEN

Spiegelneuronen lassen uns mitfühlen

Unsere Empathie beruht wesentlich darauf, ob wir uns in unser Gegenüber hineinversetzen können. Ob wir erspüren können, was ihn bewegt. Eine wesentliche Rolle spielen dabei die sogenannten Spiegelneuronen. Möglicherweise haben Mentalisten besonders viele oder aktive Spiegelneuronen, dazu kenne ich aber keine wissenschaftlichen Untersuchungen.

In manchen meiner Shows mache ich etwas mit den Gästen, das ich »rapide Suggestion« nenne. Ich lege meine rechte Hand an die linke Hand meines Gegenübers, wir schauen uns an, und ich sage: »Wir bauen eine Verbindung auf, ich lasse den Puls zwischen den Fingerspitzen springen. Ich will das fühlen, was Sie fühlen, und Sie sollen wahrnehmen, was ich wahrnehme.« Dann nehmen wir die Hände auseinander, etwa einen halben Meter. Und ich bitte mein Gegenüber: »Fühlen Sie einmal in Ihren Zeigefinger hinein, erlauben Sie Ihrem Zeigefinger, das zu tun, was er tun will.« Im nächsten Schritt winkle ich meinen Zeigefinger nach unten ab, und der Zeigefinger der anderen Person geht auch nach unten. Ich treibe dieses Spiel weiter, sage: »Dieses Gefühl überträgt sich von Ihrem Zeigefinger auf die anderen Finger, schauen Sie mal, was die machen wollen.« Dann balle ich meine Finger zu einer Faust, und dasselbe passiert bei meinem Gegenüber. Schließlich sage ich: »Dieses Gefühl geht von Ihrer Hand in Ihren Arm.« Ich drehe meinen Arm zur Seite, und mein Gegenüber macht wieder dasselbe.

Hypnose ist das nicht, es ist ein Effekt, der nur mit Spiegelneuronen und eben Suggestion arbeitet, einer Vorstufe der Hypnose, die ohne großes vorangehendes Prozedere auskommt. Statt der zehn bis 15 Minuten Vorlaufzeit beim normalen Hypnotisieren, kann die rapide Suggestion schon in unter fünf Minuten funktionieren. Die Anleitung als Video, damit auch Sie rapide Suggestionen ausüben können, finden Sie als Teil meines Intuitionsprogramms. Den Zugang dazu gibt es am Ende des Buches (-› Seite 220).

Hochgradig empathiefähig sind natürlich bei Weitem nicht nur wir wenigen Mentalisten auf der Bühne, sondern vor allem auch die Menschen im sozialen und pflegerischen Bereich, vor denen ich an dieser Stelle meinen Hut ziehen möchte. Grundsätzlich finden sich hochempathische Menschen natürlich auch in allen anderen Berufen. Sie sorgen subtil für den sozialen Zusammenhalt in einer Gruppe und können das Wohlbefinden anderer steigern. Ein Hoch auf ihre Spiegelneuronen!

Spiegelneuronen funktionieren so, dass sie in unserem Kopf feuern, als würden wir etwas Bestimmtes tun oder fühlen – selbst wenn wir das nur bei anderen beobachten.[1] Vielleicht ist das ein Grund dafür, dass hochempathische Menschen oftmals nicht so gern Action- oder Horrorfilme anschauen: weil sie das dargestellte Leid der Protagonisten so intensiv in sich selbst spüren können.

Jedenfalls erlauben es uns Spiegelneuronen, die Absichten anderer Menschen intuitiv zu verstehen. Indem wir sie beobachten und dieses Verhalten ein Stück weit in uns selbst fühlen können, schließt unser Unterbewusstsein Rückschlüsse, was sonst noch alles mit diesem Verhalten zusammenhängen könnte.

Natürlich sind wir hier wieder bei dem Problem der Interpretation. Spiegelneuronen machen uns nicht zum Hellseher. Sie sind super darin, die Bewegungen und sogar die Mimik anderer zu erkennen. Aber über die Geschichte dahinter können wir trotzdem nur Hypothesen treffen. Mit diesen liegen wir umso häufiger richtig, je mehr wir uns mit anderen Menschen auseinandersetzen. Je mehr Menschen wir sozusagen in die Tiefe ihrer Psyche gefolgt sind, je mehr wir gelernt haben, verschiedene Motivationen zu verstehen. Glasklar Gedanken lesen, also quasi in den Kopf hineinsehen, wie es manchmal von uns Mentalisten als Bühneneffekt suggeriert wird, kann aber – so möchte ich behaupten – niemand.

Unser Unterbewusstsein trifft Annahmen über die andere Person, basierend auf der Situation, die vielleicht einer schon bekannten ähnelt. So entwickeln wir eine gewisse Ahnung davon, was nun in der Person vorgehen und was angebracht sein könnte. Oftmals sind es sehr viele, sehr subtile Signale, die wir bewusst gar nicht auf dem Schirm haben. Das Unterbewusstsein aber nimmt sie alle auf und errechnet parallel aus allen diesen Informationen, was das wahrscheinliche künftige Verhalten dieser Person sein wird. Fehlende Informationen füllt das Unterbewusstsein mit seinem Erfahrungswissen auf.

Hier zeigt sich eine Grenze unserer Intuition: Nicht immer passt unser bisheriges Erfahrungswissen zur aktuellen Situation. Hatte beispielsweise ein Mensch das Pech, in einem sehr gefühlskalten Elternhaus aufzuwachsen, wird er vor allem im jungen Erwachsenenalter dieses Erlebnis als Interpretationsraster benutzen. Es ist die eingefärbte Brille, von der bereits eingangs die Rede war. Warmherzige Menschen werden dann genauso argwöhnisch betrachtet wie die früheren kalten Menschen im Familienumfeld.

Das Verhalten neuer Kontakte wird so interpretiert, dass es zu den etablierten Glaubenssätzen passt. In diesem Fall vielleicht: »Die Welt ist ein kalter Ort, und andere Menschen wollen mir nichts Gutes.« Wie Menschen mit solchen Glaubenssätzen auf andere reagieren, ist unterschiedlich. Einige reagieren mit Aggression, andere mit Rückzug. Beides sind Schutzmechanismen, die uns allerdings der Welt auch fernhalten. Eine typisch aggressive Verhaltensweise ist in diesem Fall, andere sofort oder systematisch kleinzumachen. Wer eine solche Notwendigkeit in sich spürt, sollte sich unter Umständen professionelle Begleitung suchen, um nicht geheilte seelische Verletzungen aufzuarbeiten.

Dass wir uns glücklicher fühlen, wenn wir uns mit positiven Menschen umgeben, hat auch mit unseren Spiegelneuronen zu tun. Entdeckt wurden sie übrigens in den 1990er-Jahren, als der italienische Neurophysiologe Prof. Giacomo Rizzolatti eine spannende Beobachtung bei Affen machte. Einem Affen wurde eine Nuss in Reichweite gelegt.[2] Es gelang, bestimmte Nervenzellen zu identifizieren, die nur dann aktiv wurden, wenn der Affe nach der Nuss griff. Doch viel wichtiger: Dieselben Nervenzellen eines anderen Affen feuerten allein bei der Beobachtung, wie der erste Affe sich die Nuss nahm. Deshalb taufte Rizzolatti diese Nervenzellen »Spiegelneuronen«. Acht Jahre später wies der Neurowissenschaftler Dr. Christian Keysers die Existenz der Spiegelneuronen auch beim Menschen nach.

Diese Neuronen zeigten außerdem dieselben Erregungsmuster, wenn sie eine bestimmte Mimik beobachteten. Diese Fähigkeit, Emotionen von Gesichtsausdrücken zu erkennen und auch nachzuempfinden, ist nicht nur Affen, sondern auch uns Menschen gegeben. Sie gilt zudem als wichtige Voraussetzung für Empathie und angemessene soziale Interaktionen.

Neuere Forschungen zeigen, dass eine eingeschränkte Funktion der Spiegelneuronen zu Störungen im autistischen Spektrum beizutragen scheinen.[3] Dazu noch kurz ein Wort: Nicht alle Autisten können kaum kommunizieren und schlagen immer wieder den Kopf gegen die Wand, wie es uns manche Stereotype weismachen wollen. Menschen mit Asperger-Autismus gelten als »hochfunktional«. Sie meiden aber beispielsweise beim Gespräch den Augenkontakt und haben oftmals Schwierigkeiten, den Gesichtsausdruck ihres Gegenübers richtig zu deuten. Das macht sie oftmals verletzlich, weil sie nicht erkennen können, ob ihr Gegenüber wohlwollend ist oder etwas nicht ganz so Feines im Schilde führt. Sie lesen die Mimik der anderen zwar korrekt, das Gesicht der Asperger-Autisten selbst bleibt jedoch relativ ausdruckslos.

Ein internationales Forscherteam um Prof. Ahmed Karim, Lehrbeauftragter der SRH Fernhochschule, hat jedoch gerade herausgefunden, dass diese Defizite durch gezieltes Training enorm gelindert werden können. Grund ist die bereits erwähnte Neuroplastizität. Allerdings, so sei kurz einschränkend angemerkt, scheint die Störung bei Autismus weitreichender zu sein als nur ein Problem mit den Spiegelneuronen. Die gesamte Sinnesdatenverarbeitung scheint in Mitleidenschaft gezogen zu sein. Weil es aber noch kein umfassendes Verständnis davon gibt, können autistische Störungen bislang nicht geheilt werden.

Spiegelneuronen helfen uns, beispielsweise die mimischen oder körpersprachlichen Signale anderer zu entschlüsseln. Dabei scheint der Botenstoff Dopamin eine wichtige Rolle zu spielen. Das legen Erkenntnisse zu Parkinson-Patienten nahe. Bei Parkinson ist der Dopaminspiegel erniedrigt – und Betroffene haben größere Schwierigkeiten, Gesichtsausdrücke zu interpretieren.[4]

Das wirft spannende Fragen auf: Sind wir emotional intelligenter, wenn wir einen hohen Dopaminspiegel haben? An dieser Stelle können wir nur Hypothesen formulieren. Wenn wir uns Ziele stecken und Erfolge feiern, erhöht das jedenfalls unsere Dopaminausschüttung. Und genau das könnte uns auch geschickter im Umgang mit anderen Menschen und ihren Emotionen werden lassen.

Wenn wir einen neuen Menschen kennenlernen, entscheidet unser limbisches System in unserem Gehirn binnen Sekundenbruchteilen anhand visueller Faktoren und dem Geruchssinn, ob wir diese Person mögen. Bei Sympathie schütten wir Dopamin aus, wenn wir ihr die Hand schütteln und dabei ein bis zwei Sekunden lang in die Augen schauen. Wir fühlen uns glücklich, zuversichtlich – unser Belohnungszentrum ist aktiv.

Je verbundener wir uns schließlich einem Menschen fühlen, desto aktiver feuern unsere Spiegelneuronen. Das sieht man unter anderem daran, dass Gähnen zwar generell in gewisser Weise ansteckend ist – aber am meisten im Familienkreis, gefolgt von Freunden. Wenn Fremde gähnen, müssen wir nur selten gleich dasselbe tun.[5]

Zurück zur Neuroplastizität: Früher dachte man, das Gehirn eines erwachsenen Menschen sei ein starres Konstrukt, das sich nicht mehr ändert. Heute wissen wir dank der Neurowissenschaften, dass das Gegenteil der Fall ist. Immer wieder zeigen Studien, wie sich die Nervenbahnen im Lauf des Lebens verändern und anpassen. Und zwar an unsere äußeren Lebensumstände, an unser Verhalten, an die Erfahrungen, die wir machen. Daraus entstehen dann neue Gedanken und Gefühle, neue Verhaltensmuster, die man organisch an den Verknüpfungen der Nerven nachvollziehen kann. Wer wir früher waren, das müssen wir nicht bleiben. Wir können uns im wahrsten Sinne des Wortes neu erfinden und erschaffen.

Gewohnheiten kann man ändern

Wenn wir uns an althergebrachten Verhaltensmustern festklammern, belohnt dies unser Gehirn mit denselben Belohnungsmechanismen und Wohlfühlreaktionen, als würden wir einer Spielsucht nachgehen. Der Unterschied ist, dass viele unserer Verhaltenssüchte als gesellschaftlich akzeptabel gelten, allem voran der Perfektionismus und die Überarbeitung.

Bei diesen Verhaltensweisen werden wir zusätzlich mit Anerkennung von außen belohnt. Wir fühlen uns zugehörig, akzeptiert und dank der Wertschätzung und dem Geldfluss sicher.

Einmal innezuhalten macht verwundbar. Deshalb braucht es viel Mut, beispielsweise ein Sabbatical einzulegen. Verstehen Sie mich nicht falsch: Viel arbeiten schadet nicht, wenn Sie das Richtige tun. Wenn Sie in dem aufgehen, zu dem Sie quasi geboren wurden. Die Frage ist: Identifizieren Sie sich mit Ihrer Arbeit, ziehen Sie Freude daraus? Oder ist es eher übertriebenes Pflichtbewusstsein und sozialer Druck, die Sie immer weiter vorantreiben? Ist letzteres der Fall, kann es sein, dass Sie irgendwann gesundheitliche Konsequenzen davontragen werden – und aufgrund mangelnden Lebensglücks vielleicht auch irgendwann einen seelischen Knacks bekommen.

Leistungssportler wissen es, aber im Berufsleben wird es zu wenig beachtet: Unser Körper und unser Geist brauchen regelmäßige Regenerationsphasen, um dann wieder die volle Leistung abrufen zu können. Pushen wir uns immer wieder entgegen unseres eigentlichen Willens an unsere Grenzen, geraten wir in massiven Stress. Der kann regelrecht abhängig machen, denn das Stresshormon Cortisol wirkt wie eine Droge im Körper.[6]

Durch seine Ausschüttung wird gleichzeitig mehr Zucker im Blut zur Verfügung gestellt, der aus Speichern wie der Leber geholt wird. Damit werden dann das Gehirn und die Muskeln versorgt – wir spüren den Kick, fühlen uns stark und leistungsfähig. Wie bei jeder Sucht besteht das Gehirn irgendwann auf dieses berauschende Gefühl. Wenn dann die Außenwelt keinen Stress liefert, macht es eben selbst welchen. Es sucht Umstände und Erlebnisse, die uns weiter herausfordern.

Wegen des Gewöhnungseffekts fordert es irgendwann immer intensivere Reize. Das Problem: Irgendwann sind die Nebennieren, die das ganze Cortisol immer in den Blutkreislauf pumpen, erschöpft und laufen nur noch auf Sparflamme. Das kann ganz plötzlich passieren. Dann kommen bisher Höchstleistende auf einen Schlag kaum noch aus dem Bett. Damit sind sie angekommen im Burn-out – und aus dem wieder herauszukommen, dauert Monate, wenn nicht gar Jahre. Lassen Sie es nicht so weit kommen!

Besonders anfällig für das Hamsterrad sind diejenigen unter uns, die besonders dazu angehalten waren, brave Kinder zu sein. Zu funktionieren, wie andere es von uns wollten. Die lernten, dass es überlebensnotwendig sein würde, die eigenen Bedürfnisse möglichst zu ignorieren und zu unterdrücken. Und bloß nicht aus der Reihe zu tanzen. Diese Menschen verleugnen sich unter Umständen ihr ganzes Leben lang selbst, um bei anderen einen guten Eindruck zu machen. In der Regel sind sie zudem konfliktscheu, weil sie große Verlustängste mit sich herumtragen. Jemand anderen möglicherweise zu enttäuschen fühlt sich für diese Menschen ganz furchterregend an. Dass sie schlecht Nein sagen können, ergibt sich von selbst.

Wenn Sie sich gerade wiedererkannt haben: Kommen Sie heraus aus Ihrem Katastrophendenken! Schreiben Sie Ihre Geschichte neu, und beobachten Sie Ihr Gehirn dabei, wie es sich erholt und neu verdrahtet. Nein, nicht indem Sie sich täglich in die MRT-Röhre legen. Sondern indem Sie spüren, wie Sie jeden Tag ausgeglichener, stärker und positiver gestimmt sind. Sie sind nicht dazu verpflichtet, die schlechten Erfahrungen der Vergangenheit ein Leben lang mitzuschleifen. Sie können sie auch am Wegrand liegen lassen beziehungsweise in eine Tonne packen, wenn sie Ihnen nichts mehr nützen und Sie am Vorwärtskommen hindern.

Lernen Sie, neu zu denken!

Loslassen ist ohnehin schon schwer – aber sich selbst loslassen? Damit ist in diesem Fall Ihr Selbstbild gemeint, das Sie in den Wahnsinn treibt. Das Sie dazu veranlasst, sich selbst mehr zu schaden, als für sich zu sorgen. Lassen Sie dieses Bild los. Das ist nicht Ihr wahres Ich. Ihr wahres Ich entwickelt sich immer weiter zum Positiven.

- Bleiben Sie im Hier und Jetzt!
- Hören Sie auf, sich zu vergleichen!
- Trennen Sie sich von Ihren Selbstvorwürfen!
- Eignen Sie sich ein dynamisches Selbstbild an! Wir alle verändern uns. Immer. Deshalb können wir auch dazulernen, neue Herausforderungen annehmen und diese als anregend empfinden.
- Pflegen Sie Ihre Neugier!
- Werden Sie zum Homo ludens, zum spielenden Menschen!

Routinen verankern uns in unserem Dasein, sie lassen uns zur Ruhe kommen. Vielleicht essen Sie jede Woche mittwochs beim Thailänder. Wunderbar, bleiben Sie unbedingt dabei. Regen Sie gleichzeitig Ihr Gehirn an, indem Sie manchmal einen anderen Weg dorthin gehen.

Wir lieben es, auf altbekannte Gesichter zu treffen oder wenn die Bedienung im Restaurant fragt: »Einmal das Übliche?« Wir fühlen uns gesehen, unsere Bedürfnisse werden erkannt und ernst genommen. Es ist ein schlichtes Beispiel, aber fürs Wohlbefinden leisten solche Momente enorme Dienste. Strahlt uns jemand an, sobald wir das Restaurant betreten, fühlen wir uns angenommen und fast wie zu Hause.

Ich selbst habe ein Faible für einen ganz bestimmten Sushi-Laden in München. Dort nehme ich immer wieder meine Suppe, Maaki mit dem gelben Rettich und Edamame. Das könnte ich quasi die ganze Zeit essen.

Indem wir uns durch Routinen Ruhepole schaffen, an denen wir uns wieder zentrieren, schöpfen wir Kraft für neue Abenteuer. Spüren wir, dass wir genug Kraft haben, lassen wir uns auch lieber auf Neues ein. Aber seien wir ehrlich: Wie viele von den vermeintlichen Erfahrungen sind wirklich neu?

Sie waren schon bei mehreren Arbeitgebern tätig, aber die Kernerfahrung war immer dieselbe? Ihr Schreibtisch war voll, Ihre Leistung wurde nicht anerkannt, der Verdienst trotz Überstunden mäßig? Oder haben Sie den Eindruck, dass Sie zwar sehr unterschiedliche Menschen in Ihrem Leben gedatet haben, aber in diesen Beziehungen immer wieder ähnliche Probleme auftauchten?

Dann haben Sie letztlich nur ein und dieselbe Situation variiert. Ihr Pendel ist nicht so weit ausgeschlagen, als dass es wirklich Veränderungen herbeigerufen hätte. In gewisser Weise könnte man das schon als eine Form von Selbstbetrug betrachten. Vordergründig gönnt man sich das gute Gefühl, endlich etwas verändert zu haben im Leben. Doch eigentlich machen diese Menschen kaum etwas anders.

Dabei können sie eine traumwandlerische Sicherheit dafür entwickeln, immer wieder in die gleiche Falle zu tappen. Das Radar für die Wahrheit hinter der Maske kann unterbewusst exzellent funktionieren. So werden beispielsweise beim Dating viele verschiedene Menschen mit ganz verschiedenen Masken getroffen, die dahinter aber dasselbe Grundmuster aufweisen. Vielleicht sind es beispielsweise sehr kontrollierende, eifersüchtige und dominant agierende Menschen, die sich aber zunächst ganz anders und umgänglich präsentiert hatten. Sind sie mit sich selbst und ihrer Vergangenheit nicht ausgesöhnt, können vor allem Menschen aus eben solchen Elternhäusern in diese Fallen tappen. Das Gehirn wiederholt dasselbe Treiben so lange, bis wir es auflösen.

Natürlich können bestimmte Dinge an uns auch bedrohlich auf andere Menschen wirken, sodass wir überdurchschnittlich häufig mit entsprechenden Reaktionen konfrontiert werden. Eine sehr attraktive Frau beispielsweise braucht einen Mann mit einem guten Selbstwert (keinen übersteigerten Narzissten, das ist etwas ganz anderes). Er muss sich sicher fühlen können, auch wenn andere ihr Komplimente machen. Ist dieser Fall gegeben, können sie und ihr Partner ihre Schönheit voll genießen.

Vielleicht sind Sie auch besonders clever (und attraktiv). Dann werden unsichere Vorgesetzte Sie leicht als Bedrohung wahrnehmen und möglicherweise immer wieder versuchen, Sie niederzumachen und kleinzuhalten Machen Sie es sich dann nicht zu eigen, wenn Ihnen jemand sagt, Sie seien »zu dies« oder »zu das«. Allein dass das jemand sagt, zeigt einfach, dass Sie dieser Person »zu viel« sind. Das hat aber etwas mit dessen Unsicherheit und Mangel an Ressourcen zu tun und nicht mit Ihnen selbst.

Diese Art von Machtspielchen treten übrigens im Angestelltenverhältnis deutlich häufiger auf als in der Selbstständigkeit. In der selbstständigen Welt ist ja jeder Auftraggeber froh, wenn Sie eine gute oder gar optimale Leistung bringen. Das, wofür Sie an anderer Stelle unterdrückt worden wären, bringt Ihnen durch die veränderte Situation Lob, Dank und unter Umständen noch mehr Geld ein. Konkurrenz unter Selbstständigen läuft nach meiner Erfahrung eher kollegial ab. Wenn beispielsweise ein Anbieter einer Dienstleistung ausgebucht ist, kann er den Auftrag gegen Provision an einen anderen weitergeben. So gewinnen alle – und es entsteht gleichzeitig ein tragendes Netz, aus dem immer wieder neue Aufträge kommen. Die Selbstständigkeit ist weit weniger Furcht einflößend, als man oftmals meint.

Meiden Sie intrigante Menschen, die schlecht über Sie oder Ihre Leistung reden, denn die versetzen Sie unnötig unter Stress. Vielleicht bekommen Sie sogar Angst, Ihren Job beziehungsweise Ihren Auftrag zu verlieren. Das Problem: Unter Stress fallen wir leicht in unsere Urmuster zurück, solche, die vielleicht als Kind funktioniert haben. Weil sie uns irgendwie schon durchgebracht haben. In einer solchen Verfassung können wir aber nicht kreativ sein und Lösungen außerhalb des gewohnten Rahmens suchen. Gleichzeitig signalisieren wir anderen Menschen auf der unterbewussten Ebene, dass wir verletzlich sind: durch Verhalten, Tonfall, Mimik, Haltung, Gang und Gestik. Auch über das optische Erscheinungsbild, wenn wir blass und mit Augenringen zur Arbeit kommen. Darüber hinaus sogar über Gerüche. Angst riechen auch wir Menschen – mehr oder weniger unterbewusst. Denn Stress lässt beispielsweise die Schleimhäute austrocknen. Das kann unter Umständen zu Mundgeruch führen.

»Was bedeutet schon Geld?
Ein Mensch ist erfolgreich, wenn er zwischen Aufstehen und Schlafengehen das tut, was ihm gefällt.«

Bob Dylan, *1941
Musiker und Lyriker

Warum bleiben wir in negativen Situationen?

Wenn wir uns irgendeinen Nutzen von einer Situation versprechen, blenden wir unsere Intuition auch gern einmal aus. Nehmen wir das Beispiel einer ungesunden On-Off-Beziehung, bei der sich die Partner immer wieder streiten und dann wieder versöhnen. Warum tun die beiden sich diese unsägliche Situation immer wieder an?

Ganz einfach: Auf einer Ebene gibt es ihnen ganz viel Sicherheit. Vielleicht ist ewiges Rumgestreite das vertraute Verhalten aus dem Elternhaus, vielleicht wurde es auch später gelernt. Streiten lenkt außerdem ab von den eigentlichen Sorgen, denn Streiten kostet ja Energie. Streiten kann betäuben, ebenfalls fast wie eine Droge. Es ist ähnlich wie bei jemandem, der sich vor lauter Stress nicht mehr anders zu helfen weiß, als seinen Kopf immer wieder gegen die Wand zu schlagen. Der freut sich dann auf das tolle Gefühl, wenn der akute Schmerz nachlässt. Gleichzeitig hat dieser körperliche Schmerz für einen kurzen Moment den seelischen übertüncht.

Coaching kann uns in solchen Fällen die Augen öffnen. Für belastende, unaufgelöste Themen, die wir mit uns herumtragen. Zum Beispiel wenn wir ungesunde Denk- und Verhaltensmuster gegenüber dem anderen Geschlecht in uns tragen und deshalb immer wieder belastende, unerfüllende Beziehungen eingehen.

Nutzen Sie die Möglichkeiten, die wir heute haben, sich wohlwollend wieder auf bessere Bahnen lenken zu lassen und nicht Nützliches von früher aufzulösen. Frauen und Männer haben es heutzutage nicht mehr nötig, sich in ungesunden Systemen miteinander zu verstricken. Wir kommen heutzutage freiwillig zusammen, um einander zu bereichern und zu unterstützen. Wenn alter Ballast dabei hinderlich ist, wird es Zeit, ihn abzustreifen.

Manche Menschen haben beispielsweise zu wenig eigene Grenzen. Manchmal spüren sie erst, dass jemand ihre Grenze überschreitet, wenn es schon sehr spät ist. Manchmal wissen sie sich auch einfach nicht zu helfen, wenn so etwas passiert. Frauen geraten öfter als Männer in Situationen, in denen ihre Grenzen nicht selbstverständlich gewürdigt werden.

Beispiel: Eine Frau ist spätabends allein auf der Straße unterwegs. Mit einem Abstand von fünf bis zehn Metern läuft ein Mann hinter ihr her. Macht er dies eine ganze Weile lang und biegt womöglich auch noch dreimal in dieselbe Richtung ab wie sie, kriegt sie vielleicht Angst. Das aber spürt dieser Mann. Was ist das nun für ein Mann? Bestenfalls und in den meisten Fällen ist er einfach jemand, der gerade in seine Gedanken versunken war und nicht gemerkt hat, dass sich diese Situation bedrohlich für die Person vor ihm anfühlen könnte. Wäre ihm das bewusst gewesen, hätte er aus Rücksicht auf sie vielleicht die Straßenseite wechseln können, sie überholen oder mehr Abstand einhalten können. Es gibt aber leider auch Männer, die auf diese Weise ein Gefühl von Macht ausleben möchten. Der beste Effekt, um ihm diese vermeintliche Macht zu nehmen: Drehen Sie sich um, wenn Sie die betroffene Frau sind, und sprechen Sie ihn an. Plötzlich brechen Sie so aus seinem System aus. Solange Sie mit hochgezogenen Schultern, gesenktem Kopf und immer hektischeren Schritten vor ihm her traben, befriedigen Sie seine Bedürfnisse und Fantasien. In einem solchen Fall fühlt es sich für ihn an, als würden Sie seine Macht füttern.

Es klingt schlicht, ist aber effektiv: Schauen Sie ihm direkt und selbstbewusst-freundlich ins Gesicht und fragen Sie ihn nach der Uhrzeit oder dem Weg. So machen Sie ihm die Situation komplett kaputt. Vermutlich wird er Ihnen dann noch nicht einmal vernünftig antworten können.

Wenn Menschen im Alltag über unsere Grenzen gehen, sagen wir oft lange nichts, wenn wir Konsequenzen fürchten. Die können real sein oder nur in unserem Kopf stattfinden. Wie schon in der Situation mit dem Dating angesprochen: Gehen Sie mental das Worst-Case-Szenario durch, wenn Sie zögerlich sind. Was kann schlimmstenfalls passieren?

Sagen wir beispielsweise, Sie haben eine Nachbarin, die Sie immer wieder terrorisiert, indem sie vielleicht sehr laut ist. Oder umgekehrt: Sie wohnen mit kleinen Kindern in einem Mehrfamilienhaus, und Ihre Nachbarin fordert, dass auch tagsüber kein Fußgetrappel und am besten auch kein Kinderlachen zu hören sein soll.

Ducken Sie sich nun, und versuchen Sie, die Erwartungen dieser Nachbarin zu erfüllen? Wenn ja, dann leiden Sie, Ihre Kinder leiden auch, und im Endeffekt laufen Sie Gefahr, dass diese Nachbarin ihre Erwartungen immer weiter hochschraubt, bis sie einfach nicht mehr erfüllbar sind. Das ist kein Zustand, in dem Sie leben wollen. Gehen Sie also auf Konfrontation oder, besser gesagt, in echten Kontakt – erst zu sich selbst und dann zu Ihrer Nachbarin.

Schildern Sie selbstbewusst Ihre Bedürfnisse, und bestehen Sie im sozialverträglichen Maß auf deren Durchsetzung. Vielleicht haben Sie Glück, und Sie finden gemeinsam eine Lösung. Im schlimmsten Fall wird die andere Person immer aggressiver, sodass Sie irgendwann umziehen müssen. Ja, das kostet Geld, Zeit, verursacht einen Moment lang Stress. Im Endeffekt gewinnen Sie dadurch aber wieder Freiheit zurück. So schlimm ist das Worst-Case-Szenario also gar nicht. Viel schlimmer wäre es, dauerhaft in einer emotional belastenden Situation gefangen zu sein, in der Sie sich nicht frei bewegen und entspannt leben können.

Erklären Sie Menschen, die Ihre Grenzen überschreiten, was für Sie funktioniert und was nicht. Erklären Sie Ihre Bedingungen. Betritt ein neugieriger Nachbar immer wieder uneingeladen Ihr Grundstück und schaut durchs Fenster, verstößt er gegen Ihr Persönlichkeitsrecht, Ihre rechtlich Ihnen zustehende Privat- und Intimsphäre. Ganz einfach.

Die Grenzen von Frauen werden unter anderem deshalb häufiger überschritten, weil sie als harmoniebedürftiger gelten als Männer. Ob das nun im Einzelfall zutrifft oder nicht: So ist die kulturelle Erwartungshaltung. Tendenziell befürchten Menschen, die Grenzen von Frauen überschreiten, weniger Konsequenzen, als wenn sie es bei einem Mann täten. Das führt leider oftmals dazu, dass insbesondere alleinstehende Frauen ihre Grenzen weit vehementer verteidigen müssen, als es ein alleinstehender Mann im Normalfall tun muss. Das tut mir sehr leid, und ich hoffe, dass wir hier als Gesellschaft schnellstmöglich diesen Umstand grundlegend ändern.

Wenn Sie eine Frau sind, lösen Sie bitte nicht dieses Problem, indem Sie Ihr Licht unter den Scheffel stellen! Ziehen Sie sich nicht zurück, kleiden Sie sich nicht möglichst unauffällig, und glauben Sie bitte nicht, dass Sie am besten mit niemand Fremdem mehr reden sollten. So entgeht der Welt all das, was Sie als Individuum zu bieten haben.

Machen Sie es stattdessen wie die Top-Performer im Berufsleben. Diese Menschen sind charmant hoch drei, charismatisch und wissen dabei ganz genau, wenn jemand eine Grenze überschreitet. Diese Alphatiere können mit allem umgehen. Sie sind freundlich zu allen, und wenn einer blöd kommt, bekommt der gleich einen vor den Latz. Abgestimmt und natürlich feingetuned auf das Maß des Vergehens. Oftmals reicht schon ein einziges richtiges Wort, das die Person in ihre Schranken weist, ohne dass sie ihr Gesicht verliert. Lassen Sie sich nicht auf niedere Ebenen des gegenseitigen Ankeifens und Niedermachens ein. Das machen nur Leute mit nicht ausgereiftem Selbstbewusstsein. Tragen Sie Ihren Kopf hoch, lächeln Sie stolz, und zeigen Sie einfach klar, dass Sie die Königin Ihres Reviers sind.

Echte Alphamenschen, ob Frauen oder Männer, sind souverän. Sie müssen nicht mehr kämpfen oder nur ganz selten. Sie wissen um ihre Macht, und durch ihre Ausstrahlung wissen es die anderen auch. Die feine Abstimmung, wie sehr ein anderer gegebenenfalls in seine Schranken gewiesen wird, ist eine hohe Kunst. Die meisten brauchen ein paar Jahrzehnte Lebenserfahrung, bis sie sie beherrschen.

Auf dem Weg dahin sind wir mal zu weich, mal zu hart, aber wir lernen. Wichtig ist, bei sich zu bleiben. Wenn Frauen manchmal mit ihren Freundinnen darüber brüten, wie sie jemandem am besten eine bestimmte Botschaft vermitteln (ohne ihn zu kränken, aber schon so, dass sie ankommt), bleiben sie oftmals nicht bei sich. Ihr Fokus rückt zur anderen Person, für die sie doch gar nicht verantwortlich sind. Womöglich suchen sie dann auch noch Fehler bei sich, die den anderen zu einer Grenzüberschreitung verleitet haben könnten.

Das erinnert mich an einen lustigen Vortrag eines Verkaufstrainers namens Dirk Kreuter, den ich kürzlich hören durfte. Er schilderte folgende Situation: Stellenanzeige, fünf Kriterien sind gefragt. Ein Mann liest sich die fünf Kriterien durch, sieht von diesen fünf Kriterien eins erfüllt und bewirbt sich. Eine Frau erfüllt vier Kriterien, sieht, dass sie eins nicht erfüllt und bewirbt sich nicht. Da scheint schon etwas dran zu sein. Jedenfalls lachte der ganze Saal, als fühlten wir uns alle ertappt.

Was schließen wir daraus? Mehr Frauen sollten mehr Dinge einfach mal probieren. Es gibt dieses Bild, das unter anderem in den sozialen Medien kursiert, wo sich ein stark übergewichtiger Mann im Spiegel anschaut und sich darin als muskulöser Adonis sieht. Daneben ein Bild einer nach gängigen Maßstäben perfekten Frau, die sich im Spiegel deutlich dicker und unattraktiver sieht. Auch dieses Bild stößt auf viel Resonanz, denn seine Aussage erkennen viele als wahr: Frauen machen sich oftmals kleiner. Zum Teil liegt das an althergebrachten gesellschaftlichen Rahmenbedingungen, die wir gerade dabei sind zu überwinden. Zum Teil ist es auch ein Vergleichen und eine gewisse Art Leistungsdruck untereinander, der via Photoshop und Social-Media-Filter immer krassere Blüten treibt. Wenn wir mehr bei uns bleiben würden, wäre uns allen nachhaltig geholfen.

Gleichzeitig sind Alphamenschen sehr gönnerhaft. Der Verhaltensforscher Frans de Waal hielt bei einem Forum für gute Ideen, dem mittlerweile sehr bekannten TED Talk, einen Vortrag über Alphamännchen bei Schimpansen.[7] Anders als das Klischee sind das nicht immer die größten oder stärksten. Nach oben kommen in der sozialen Rangordnung diejenigen, die besonders gemocht und respektiert werden. Männliche Schimpansen, die ein anderes Alphamännchen ersetzen wollen, zeigen auffällig viel Empathie. Sie testen verschiedene Gruppenformationen und Koalitionen aus – beim Menschen würde man von Lobbyarbeit sprechen. Sie verhalten sich beinahe wie bei einem Wahlkampf: Zeigen nur ihre beste Seite, teilen ihr Essen, spielen mit den Kindern weiblicher Schimpansen – auch wenn sie zuvor kein Interesse daran gezeigt hatten.

Wozu der ganze Aufwand? Das erklärt sich, wenn man die zwei wichtigsten Aufgaben eines Alphamannes genauer betrachtet: Er sichert den Frieden in der Gruppe beziehungsweise fungiert als Kontrollinstanz und schlichtet Streit. Schimpansen-Alphamännchen machen dies faszinierend unparteiisch und objektiv. Allerdings machen sie sich auch oft für die Unterlegenen stark. So geben sie den rangniedrigeren Tieren in der Gruppe ein Sicherheitsgefühl. Gleichzeitig zeigen sie sich hochempathisch.

Bei Trauer, Schmerz oder Angst trösten sie die anderen und zeigen, dass sie für sie da sind. Tatsächlich zeigen weibliche Schimpansen zwar durchschnittlich mehr Empathie als männliche, doch das Alphamännchen übernimmt die Rolle des Trösters mit Abstand am häufigsten. Ein ähnliches Verhalten sieht man auch bei Menschen in den obersten Führungspositionen. Deshalb fahren Präsidenten, der Papst oder die Queen in Krisengebiete, beispielsweise nach Naturkatastrophen.

Dabei ist das Verhalten der Alphatiere nicht vollkommen uneigennützig. Sie stabilisieren durch dieses Verhalten ihre Position in der Gruppe. Je beliebter ein Alphamännchen ist, desto mehr Rückhalt kann es von der Gruppe erwarten und umso besser kann es sich auch gegen andere Alphaaspiranten wehren.

Mit Blick auf den Menschen ist anzumerken: Nicht jeder Chef verhält sich so hochempathisch wie ein Schimpansen-Alphatier. Diejenigen, die es aber tun, wie etwa der ehemalige US-Präsident Obama, scharen leicht große Sympathien um sich.

Den Frieden zu wahren bedeutet nicht, die eigenen Bedürfnisse unter den Teppich zu kehren. Das wäre ein fauler Frieden, und unter dem Teppich würde es mächtig gären. Menschen, die sehr harmoniebedürftig sind, haben oftmals schon in der Kindheit gelernt, alle anderen zu befrieden – nur damit die tickende Bombe nicht hochgeht. In vielen passiv-aggressiven Familienstrukturen werden sehr gern Dinge unter den Teppich gekehrt, wo sie dann vor sich hin schwelen. Aber nicht alle Probleme lassen sich durch ein vordergründiges »Friede, Freude, Eierkuchen« lösen.

Leider ist es oft so, dass Menschen, die vor Konfrontation zurückscheuen, diese in der Vergangenheit als bedrohlich erlebt haben. Vielleicht wurden sie vom Vater bestraft, wenn sie »frech« waren, also mal ihre Meinung gesagt haben. Vielleicht flogen auch gleich zwischen den Eltern die Fetzen, wenn sie als Kind nicht einwandfrei funktionierten, weil schon so vieles in diesem Familiensystem im Argen lag.

Erlebt man Aggression, die nicht beherrschbar erscheint, als Reaktion auf die eigene Konfrontation, dann lernt man eben herumzueiern. Um Gefahr zu vermeiden, wird dann eher versucht, andere zu manipulieren, um etwas zu bekommen. Ich möchte die Relevanz dieser Bewältigungsmechanismen in der Kindheit nicht absprechen. In einigen Fällen hatten sie damals, als das Kind noch hilflos und abhängig war, ihre Berechtigung.

Wichtig ist zu erkennen, ob die Angst, die von damals noch in den Knochen steckt, heute noch realistisch ist. Anders gesagt: Ist das Erfahrungswissen von früher für meine aktuelle Erfahrung ein geeignetes Interpretationsraster? Bin ich denselben möglichen Konsequenzen ausgesetzt, wenn ich heute meine eigene Wahrheit ausspreche? Kann ich mich um mich selbst kümmern?

Ja, das können Sie. Sie sind ein intelligenter, kompetenter Mensch, der ein Buch liest, um nach Inspiration für seine persönliche Weiterentwicklung zu suchen. Bessere Voraussetzungen kann es gar nicht geben.

Es gibt in jedermanns und jederfraus Leben Dinge, die gut sind – und Dinge, die schlecht oder zumindest ausbaufähig sind. Die Frage ist: Worauf richten wir wann unseren Blick? Unrealistisch-verstrahltes Positives Denken, wie es in manchen esoterischen Kreisen propagiert wird, lehne ich ab. Das ist, als würde man einen Hundehaufen vor der Haustür mit Zuckerguss glasieren. Darunter ist aber immer noch der Kackhaufen. Wenn wir uns dann entscheiden, nur das süß glänzende Äußere anzuschauen und die darunter liegende Wahrheit zu verdrängen, handeln wir nicht. Dabei wäre es doch eigentlich so einfach, eine Schaufel zu nehmen und den Haufen im Müll zu entsorgen, wo er hingehört.

Wir müssen also ehrlich zu uns selbst sein. Wenn etwas Mist ist, ist es Mist. Mit allen anderen Interpretationen ehren wir unsere Intuition und unser Selbst als wertvolles menschliches Wesen nicht.

Überwindung persönlicher Hindernisse und Widerstände

In der Grundschule hatte ich in Mathe einen Blackout. Der hatte eine Vorgeschichte. Mit meiner Freundin Laura entwickelte sich eine süße Romanze, wir küssten uns sogar auf einem Garagendach. Als es aber nicht mehr so zwischen uns lief, berief unsere Lehrerin einen Stuhlkreis ein, um unser Thema vor der Klasse zu diskutieren. Wir fühlten uns beide vorgeführt. Es folgten die Matheprüfung und mein Blackout. So bekam ich in dem Fach, in dem ich sonst sehr gut war, eine Drei – was zur Folge hatte, dass ich offiziell nicht fürs Gymnasium geeignet war. Meine Eltern wurden vor die Wahl gestellt: Realschule oder Aufnahmeprüfung. Als sie mich fragten, was ich machen wolle, muss ich herzzerreißend geweint haben: »Ich will unbedingt aufs Gymnasium. Ich will die Aufnahmeprüfung machen.«

Also investierten wir unseren Italienurlaub und paukten gemeinsam. Mit meiner Mutter übte ich für Deutsch und mit meinem Vater für Mathematik. Ich bin ihnen sehr dankbar dafür, denn die Prüfung habe ich schließlich gut bestanden. Meine Mutter berichtet noch heute auf Familientreffen davon, was für ein Häufchen Elend ich war, als sie mich von dieser Prüfung abholte. Ich konnte nicht einschätzen, wie ich mich geschlagen hatte, und hatte wirklich Angst, es könnte nicht gereicht haben.

In meinem Übertrittszeugnis steht also »fürs Gymnasium nicht geeignet«. Doch genau an diesem Punkt wurde mir klar, dass es hier etwas gab, was ich wirklich wollte. Hätte ich damals nicht meine Willenskraft kanalisiert, hätte ich heute keinen Doktortitel, und Sie, liebe Leser, würden wahrscheinlich auch dieses Buch nicht in der Hand halten.

Ich habe auch von den Erzählungen anderer das Gefühl, dass einige Lehrer von Zeit zu Zeit das Potenzial ihrer Schüler unterschätzen. Das ist schade, denn nicht alle haben die nötigen familiären Ressourcen, um zu kämpfen. Es ist traurig, wie viele großartigen Talente nie sichtbar geworden sind, weil sie vielleicht zu früh einen zu harten Dämpfer verpasst bekommen haben. Wir dürfen uns nicht jedes Label aufkleben lassen – schon gar nicht von Menschen, die unser wahres Ich gar nicht richtig erkennen können.

Andererseits: Wer kämpfen kann, kommt in der Regel weiter als diejenigen, die ihr Leben nur in der Komfortzone leben. Menschen, die gegen Widerstand nach oben kommen, sind schlussendlich die stärksten. Sir Richard Branson, heute rund fünf Milliarden Dollar schwer, ist Legastheniker und hat keinen Schulabschluss. Amazon-Gründer Jeff Bezos begann seine Karriere bei McDonalds – beim Burgerbraten. Mit 53 Jahren wurde er zum reichsten Mann der Welt und verfügte im Januar 2019 über ein geschätztes Vermögen von 138,2 Milliarden Dollar.[8] Bill Gates brach ein Jurastudium ab, um Microsoft zu gründen. Lange Zeit war er der reichste Mann der Welt, 2019 befindet er sich mit einem Vermögen von rund 96,3 Milliarden Dollar[9] auf Platz zwei hinter Jeff Bezos. Berühmte Studienabbrecher in Deutschland sind zum Beispiel der Moderator Günther Jauch oder Telekomchef René Obermann. All diese Leute sind Ausreißer, Ausbrecher; sie haben keine klassische Ausbildung, sondern sind früh ihrer Intuition gefolgt.

Widerstände machen stark. Das ist das grundlegende Prinzip vom Krafttraining im Fitnessstudio. Ohne einen Widerstand, den wir anheben und bewegen, würden unsere Muskeln unterentwickelt und schwach bleiben. Genau so verhält es sich mit unseren seelischen »Muskeln«. Je trainierter wir sind, desto mehr schaffen wir. Natürlich muss man genau wie im Fitnessstudio auf dem jeweils eigenen Level anfangen. Ein Mensch, der bisher bequem auf dem Sofa saß und umsorgt wurde, wird auch kleine Anstrengungen kaum bewältigen können. Wenn er sich nach und nach dem Leben stellt, wächst er daran, entwickelt gleichsam ein breites seelisches Kreuz, mit dem er viel schultern kann.

Die Verfeinerung unserer Fähigkeiten entsteht durch Reibung. Reibung bedeutet Weiterentwicklung. Wir sollten Konflikte nicht fürchten, denn sie lassen uns wachsen. Gleichzeitig brauchen wir aber auch Rückenwind, wenn wir voransegeln wollen. Und den können wir uns aktiv in unser Leben holen.

Seit Beginn meiner Selbstständigkeit 2010 bin ich Mitglied in einem Exzellenz-Netzwerk namens »Quarterly Crossing« (QX). Dessen Gründer Thomas Fuchs hörte 2002 auf seine Intuition, ließ seinen früheren Job als Personalmanager bei der Commerzbank hinter sich und mietete die heutige QX Manor, ein beeindruckendes Haus von einem Fußballspieler in Frankfurt. In seinem Umfeld ertönten links und rechts die Unkenrufe: »Das geht nach hinten los!« Von wegen. Heute finden in diesem Haus Treffen und Tagungen statt, die niemand von uns mehr missen möchte. Meinen Freund Patrick habe ich über dieses Netzwerk kennengelernt. Er ist ein sehr erfolgreicher Manager beim Phytonährstoff-Direktvertreiber Amway. Früher war er bei der Commerzbank und bewarb sich von dort aus auf den Job als Assistent von Roland Berger … Doch ich lasse ihn die Geschichte hier lieber selbst erzählen:

Bewerbungsgespräch im Flieger

Patrick Ott: »Es war Juni 1999, und ich war mitten im Bewerbungsprozess einer großen internationalen Unternehmensberatung. Die ersten Vorstellungsgespräche hatte ich bereits absolviert, und nun sollte ich für die nächste Interviewrunde wieder von Frankfurt nach München fliegen.

Der Termin war für Mittwochnachmittag um sechzehn Uhr geplant. Die Personalabteilung hatte für mich einen Flug um dreizehn Uhr gebucht. So würde ich um vierzehn Uhr in München landen und hätte genug Zeit, in das Münchner Büro der Unternehmensberatung zu fahren.

An jenem Mittwoch saß ich beim Frühstück, und mich überkam das Gefühl, dass ich einen früheren Flug nehmen sollte. Hierfür gab es keinen objektiven Grund, denn selbst bei einer erheblichen Verspätung würde mich die gebuchte Maschine mehr als pünktlich zu meinem Termin nach München bringen. Dennoch wurde ich immer unruhiger, und der Wunsch, meinen Flug umzubuchen, verstärkte sich immer mehr. Ohne dies wirklich rational begründen zu können, fasste ich den Entschluss, schon um die Mittagszeit nach München zu fliegen. Ich rief die Fluggesellschaft an und buchte den Flug um auf zwölf Uhr.

Am Flughafen angekommen, sagte man mir beim Check-in, dass es nur noch einen einzigen freien Platz in dieser Maschine gäbe: 1E. So erhielt ich meine Boardkarte und bestieg das Flugzeug als einer der letzten Passagiere. Ich nahm meinen Sitzplatz 1E ein und begrüßte die Passagiere, die rechts und links neben mir saßen.

Sofort hatte ich das Gefühl, den Passagier zu meiner Rechten zu kennen. Und tatsächlich war er der CEO der Beratungsfirma, bei der ich mich bewarb. Ich fragte ihn: ›Sind Sie der CEO der Beratung?‹ Er bejahte meine Frage, und ich sagte: ›Ich bin gerade auf dem Weg zu Ihnen.‹

Daraufhin begann ein langes Gespräch, das wir erst beendeten, als der Flieger in München landete. Am Gepäckband, der Fahrer erwartete den CEO bereits und nahm ihm den Koffer ab, drehte er sich zu mir um und sagte: ›Möchten Sie im Oktober anfangen, für mich zu arbeiten?‹ Ich bejahte die Frage.

Viele Jahre danach frage ich mich noch immer, ob mein Leben anders verlaufen wäre, wenn ich an diesem Mittwoch nicht auf meine Intuition gehört hätte.«

In dem Karriere-Netzwerk QX sind weltweit etwa 2000 Leute. Die meisten sind allerdings in Deutschland ansässig: in München, Köln, Hamburg, Berlin, Frankfurt. Auf den Treffen dort habe ich schon einige Vorträge gehalten und auf der Leadership Conference ein Seminar zu Hypnose gemacht. Vor allem habe ich darüber inspirierende Freunde gewonnen, aber auch Business generiert.

Bei uns zu Hause spielte das Prinzip Leistung eine große Rolle. Meine Eltern lernten sich beim Leistungsschwimmen kennen. Früher war meine Mutter besser als mein Vater, der ja im Alter von 56 Jahren Vizeweltmeister wurde. Doch nicht nur im Wasser sollte es gut vorangehen. Von meiner Oma gab es immer Geld für Zeugnisse – anfangs nur bei den Einsern und Zweiern. Irgendwann hieß es: Bei Einsern gibt es Geld, bei Zweiern nicht, und bei Dreiern musste ich zahlen. Dabei ging es jeweils um fünf Mark. Die Messlatte wurde immer höher gelegt, die Leistung nach oben geschraubt.

Das Prinzip ist dasselbe wie beim Vertrieb. Macht ein Mitarbeiter dort seine Sache gut, wird er kurz gelobt – und bekommt dann noch mal 15 Prozent mehr Umsatz als nächstes Ziel obendrauf. Glücklicherweise hatte ich viele Einser und wenige Dreier, sodass die Zeugnisse für mich doch immer ein rentables Geschäft waren. Hätte ich nicht diese Noten bekommen können, hätte meine Oma das System wieder angepasst.

Dass meine Oma das Prinzip Leistung so verinnerlicht hatte, lag daran, dass mein Großvater im Alter von 30 Jahren Selbstmord beging. Er hängte sich auf, als er erfuhr, dass er Krebs hat. Meine Oma zog dann ihre beiden Kinder, meinen Vater und meinen Onkel, allein auf, während Lindau noch französisch besetzt war. Scheinbar aus dem Handgelenk leitete sie noch dazu ein Hotel und ein Restaurant. Meine Oma ist eine Powerfrau und war die erste Unternehmerin in der Familie. Ein wenig Perfektionismus ist bei mir durch die Erziehung wohl hängen geblieben.

Good Vibes

Mit jedem Gedanken verändern wir die Welt. Allerdings nicht, indem wir einen Parkplatz für unser Auto herbeizaubern, wie es so manch esoterisch angehauchte Lektüre behauptet. Wir verändern unsere innere Welt und damit auch unsere Wirkung und Handlung nach außen. Das macht sich besonders im direkten Kontakt mit Menschen bemerkbar. Wenn wir gut drauf sind, sind wir motiviert und reißen andere leicht mit. Wir möchten etwas erreichen, glauben, dass wir das können. Dann reden wir gleich ganz anders mit anderen Menschen. Sogar unsere Stimme verändert sich, wird fester. Andere trauen einem Menschen bei einem solchen Auftreten mehr zu.

Es ist simpel: Gehen wir auf andere mit einem Lächeln zu, reagieren sie in aller Regel positiver auf uns, als wenn wir mit einem mürrischen Gesicht daherkommen. Schon allein durch die Spiegelneuronen ist es wirklich schwer, jemanden böse anzugucken, der einen anlächelt. Wenn die andere Person dann auch lächelt, verändert sich ihre gesamte Hirnchemie hin zu mehr Motivation und Optimismus.

Dass manche meinen, sie könnten sich den Parkplatz vor der Haustür herbeivisualisieren, liegt vor allem an der Wahrnehmung, die sie austrickst. Immer wenn dort keiner war, wird das schnell vergessen. Und wenn einer da ist, dann wird dies als Bestätigung der These erinnert. In der esoterischen Szene wird gern das Wort Schwingung bemüht, freilich ohne diese Schwingung genauer zu definieren. Diese Schwingung soll über ebenfalls nicht näher definierte Resonanzen

Ideen manifestieren, also als greifbare Objekte in die reale Welt bringen können. Als Naturwissenschaftler wünsche ich mir, dass sich Menschen ein bisschen mehr mit den Fakten beschäftigten, bevor sie als Pseudowissenschaftler Fachbegriffe falsch verwenden.

Natürlich ist alles in Bewegung. Jedenfalls haben wir es so in der Schule gelernt: Die Elektronen kreisen um den Atomkern herum. Allerdings schwingen sie nicht, sie rauschen um den Kern herum. Stellen Sie sich das nicht vor wie ein Gummiband, das gedehnt und dann wieder kürzer wird. Unser Körper besteht aus Abermillionen von Atomen. Da entsteht viel Bewegung, aber keine homogene Schwingung im Gleichtakt.

Bei Elektronen können wir immer nur eines von beidem genau bestimmen: ihre Position oder ihre Geschwindigkeit. Das heißt, alles, was wir wissen, ist: Die Elektronen halten sich irgendwo mit gewissen Wahrscheinlichkeiten in ihren Orbitalen auf. Unser Körper besteht aus Quadrilliarden Elementarteilchen. Und die sollen alle im Gleichtakt schwingen? Wahrscheinlicher ist, dass sie sich mit ganz verschiedenen Schwingungen gegenseitig ausnullen. Allerdings: Eine Schwingung im übertragenen Sinn, die gibt es auch aus meiner Sicht. Allerdings nicht eine, die auf der Kernphysik beruht.

Wenn wir sagen, wir mögen den »Vibe« einer Person oder fühlen uns mit ihr auf einer Wellenlänge, dann liegt das nicht an den Elektronen und den Protonen in den Kernen unserer Atome. Sondern daran, dass Seelen- und Geisteszustände von innen nach außen zutage treten, mit denen wir in Resonanz gehen oder auch nicht.

Emotionen wirken oftmals ansteckend. Dennoch bleibt es uns überlassen, ob wir uns mitreißen lassen oder lieber distanzieren wollen. Nun könnte man argumentieren: Auf der neuronalen Ebene ist es ja genau das Feuern vieler Nervenzellen im Gleichtakt, die bestimmte Gehirnareale aktivieren und bestimmtes Empfinden oder Verhalten möglich machen. Das ist so weit richtig – und doch sollten wir uns der Grenzen unseres derzeitigen Wissensstandes bewusst sein. Wir haben zwar das EEG und die Kernspintomografie, bei der man auf einem Computerbildschirm sieht, wie bestimmte Gehirnareale einer

Person aufleuchten, während sie in der Röhre ist. Doch die tatsächliche Aussagekraft dieser Bilder ist relativ gering. Schlichte Zusammenhänge, beispielsweise dass Zucker das Belohnungszentrum aktiviert, lassen sich auf diese Weise zeigen. Details aus der Tiefe und komplexe Zusammenhänge lassen sich mit diesem Zugang aber nur schwer ergründen.

Loslassen können

Wenn wir uns neuen Aufgaben stellen und neue Wege gehen wollen, um uns weiterzuentwickeln, dann müssen wir in Kauf nehmen, Dinge in unserem Leben loszulassen. Dabei entsteht keine Lücke, kein Loch, in das Sie fallen. Sie erhalten nur eine andere Qualität im Leben. Sie werden neue Bekanntschaften machen, einer neuen Tätigkeit nachgehen, neue Bücher lesen und auf neue Ideen kommen. Beginnen Sie also damit, sich täglich neu zu erfinden.

Wenn wir uns selbst kontrollieren, verändert sich unsere Wahrnehmung – Kontrolle macht blind. Je mehr Bewusstsein da ist, desto mehr Kontrolle üben wir geistig aus und desto leiser ist die Intuition.

Es ist ein Mangel der alten Positiven Psychologie, dass diese Denkschule dazu verleitet, negative Gedanken nicht spüren zu wollen. Denn sie könnten ja – so die Annahme – den Erfolg vereiteln. Heutzutage sagen wir: Stimme dem zu, was da ist. Sie haben einen negativen Gedanken, dann stimmen Sie dem erst einmal zu. Sie haben Angst? Tauchen Sie in dieses Gefühl ein, baden Sie in der Angst. Wenn man das tut, merkt man im Regelfall irgendwann: »Hoppla. Ich lebe ja immer noch, so schlimm ist es also gar nicht.« Aber alles, was wir von uns wegschieben, ist immer noch da, unbearbeitet, wie ein geistiger Stolperstein. Oftmals kommt das Unterdrückte irgendwann mit doppelter Wucht zurück. Das ist wie bei einem Dampfkessel. Wenn wir etwas in einen Dampfkessel packen und das Ventil abschließen, wird er irgendwann bei ausreichender Temperatur explodieren. Darum halte ich auch pseudo-harmonische Beziehungen für gefährlich. Ein Konflikt und eine konstruktive Lösung eines Problems sind immer besser, als ein Problem totzuschweigen.

Sicher, wenn uns die Intuition meldet, dass etwas schlecht ist, dann müssen wir das noch lange nicht blind für bare Münze nehmen. Im nächsten Schritt gilt es zu prüfen: Liegt es an meiner Wahrnehmung, oder liegt es am äußeren Umstand, dass ich mich schlecht fühle? Dafür bedarf es einer gewissen Integrität, einer Aufrichtigkeit gegenüber sich selbst. Solange wir uns selbst treu sind, ist auch unsere Intuition glasklar. Sie bricht zu uns durch, durch ein Raster klarer innerer Werte. Diese Werte definieren, wofür wir stehen, was uns Spaß macht – und was nicht. Der persönliche Kompass läuft in diesem Fall einwandfrei. Er sagt uns, welchen Job wir haben wollen, mit welchen Menschen wir uns umgeben wollen, mit wem wir eine Beziehung eingehen und welche Freunde wir um uns herum haben möchten.

Integrität heißt, sich selbst Wort zu geben und auch Wort zu halten. Die eigene Intuition ernst zu nehmen und auf sie zu hören. Sich nicht von anderen manipulieren und steuern zu lassen. Gerade heutzutage erscheint es mir angesichts einiger politischer Entwicklungen wichtiger denn je, Dinge zu hinterfragen, die andere Leute herausposaunen. Damit man beispielsweise nicht auf verführerische, aber falsche Propaganda hereinfällt.

Wenn wir uns in der Öffentlichkeit präsentieren, geben wir anderen die Möglichkeit, sich mit uns zu identifizieren und zu träumen. Am meisten träumen die Menschen davon, dass ihnen einfach mal alles egal sein könnte. Dass sie sich beispielsweise auf eine Bühne stellen, das sagen, was sie zu sagen haben und die Reaktionen der anderen an ihnen abperlen. Indem sie jemand anderen auf der Bühne beobachten, keimt in ihnen diese Möglichkeit überhaupt erst auf. Wer selbst aus dem Schatten kommt und sich zeigt, baut auf diese Weise gleichzeitig Brücken für andere. So trauen sich immer mehr, sich authentisch zu zeigen. Letztlich können wir so alle mehr voneinander erfahren, uns intensiver austauschen und gemeinsam als Menschheit schneller und besser vorankommen.

KAPITEL 7

FOLGEN SIE IHRER FREUDE!

Nutzen Sie Ihren inneren Kompass!

*»Intuition ist dein innerer Kompass,
der dir die richtige Richtung weist.«*

Helga Schäferling, *1957
Sozialpädagogin

Emotionen funktionieren wie ein Kompass. Wenn Ihr Kompass niemals durcheinandergebracht worden wäre, würden Sie ihm weiterhin quer durch die Welt folgen. Sie würden Ihren Gefühlen vertrauen. Sie würden sie als valide und wichtig ansehen. Sie würden jede Emotion als eine besondere Botschaft für Ihre eigenen inneren Wahrheiten betrachten. Und als solche würden Sie dieser Botschaft in Richtung dessen folgen, was sich für Sie gut anfühlt. Fast so, als würden Sie dem Nordstern folgen. Sie würden wissen: Wenn Sie sich schlecht fühlen, dann laufen Sie gerade in die falsche Richtung. Weil Ihre Gedanken, Worte und Handlungen für Sie persönlich in die falsche Richtung weisen.

Das Problem: Unsere Kompasse werden oftmals durcheinandergebracht. Das geschieht im Rahmen des Sozialisationsprozesses, wenn wir mit anderen Menschen in Kontakt kommen, die sich unserer Wahrheit nicht anpassen können oder wollen. Einschließlich unserer

Wünsche, Bedürfnisse und persönlicher Berufung. Deshalb fordern sie von uns, unsere eigene Wahrheit für die ihre loszulassen. Uns wird erzählt, dies wäre der einzige Weg, um Konflikte zu vermeiden und sich gut zu fühlen. Sie bitten uns also, unseren inneren Kompass durch ihren zu ersetzen. Und sie werkeln an unserem Kompass herum, sodass seine Nadel nicht mehr richtig funktioniert und unter Umständen nur noch wild herumspringt.

Wenn ein Elternteil die Emotionen seines Kindes ablehnt oder sich gegen diese wehrt, lernt das Kind, seine eigene Vorstellung oder Einschätzung des Ereignisses zugunsten der Einschätzung durch das Elternteil aufzugeben. Im Wesentlichen verliert das Kind den Glauben an sein eigenes Urteil. Also den Glauben an sein eigenes internes Leitsystem. Infolgedessen verliert es sein Selbstwertgefühl. Das Kind lernt, dass es kein Recht hat zu fühlen, wie es sich fühlt. Es lernt, dass seine eigenen Gefühle und damit sein eigenes Leitsystem fehlerhaft sind. Es lernt, dass es falsch ist zu fühlen, wie es fühlt, und deshalb ist es ganz besonders falsch, diesen Gefühlen zu folgen und sie wie einen Kompass zu nutzen.

Das ist ein großes Problem, wenn man in Betracht zieht, dass unsere Gefühle uns ja eigentlich wie ein Kompass durch das Leben in die Richtung führen sollen, die für uns persönlich die beste ist. Eines der möglicherweise wichtigsten Dinge, die Sie in Ihrem Leben tun können, ist, sich wieder mit diesem inneren Leitsystem zu verbinden, damit Sie ihrem internen Kompass in die Richtung folgen können, die für Sie persönlich richtig ist. Deshalb sind Sprichwörter wie »Folge deinem Glück« tatsächlich wichtig.

Wenn wir versuchen, einem Kompass zu folgen, der womöglich total durcheinander ist, verlaufen wir uns. Stellen Sie sich ein kleines Mädchen vor. Stellen Sie sich vor, dieses kleine Mädchen liebt Naturwissenschaften. Wenn es nach ihr ginge, würde sie den ganzen Tag an ihrem Mikroskop sitzen. Das kommt ihrer Mutter aber nicht gelegen, da diese Hilfe im Haushalt benötigt. Jedes Mal, wenn das Mädchen sich in ihr Mikroskop oder in ein anderes wissenschaftliches Projekt vertieft, wird sie dafür beschämt. Beschämt, weil sie vermeintlich egoistisch handelt. Spielt sie hingegen Mamis kleine Helferin, wird sie von ihrer wichtigsten Bezugsperson belohnt und fühlt sich ihr näher. Das Folgen ihrer intrinsischen Motivation führt zu Bestrafung und fühlt sich daher schlecht an. Wenn sie die Helferin spielt, wird sie belohnt und vermeidet Schmerz. Das fühlt sich zumindest besser an. So wird ihr Kompass »kaputt« gemacht.

Lange bevor sie das psychologische Prinzip der Konditionierung erfassen und durchschauen kann, lernt sie: Der einzige Weg, um sich gut zu fühlen, ist, anderen Menschen zu helfen und die eigenen Bedürfnisse und Wünsche zurückzustellen. Fragen Sie diese Person im jungen Erwachsenenalter, was sich für sie gut anfühlt, wird sie sagen: »Menschen helfen.« Ihr Kompass wurde manipuliert. Ihre innere Wahrheit, nämlich dass sie primär eine Entdeckerin und Forscherin ist, spiegelt er nicht wider. Er spiegelt die Wahrheit wider, die ihre Mutter von ihr wollte. Aus diesem Grund wird sich das Helfen vorübergehend gut anfühlen und als richtige Entscheidung empfunden werden. Aber warum bloß fühlt sie sich dauernd so ausgelaugt und so, als wäre etwas fundamental verkehrt in ihrem Leben?

Ein anderes Beispiel: Lassen Sie uns einmal annehmen, dass eine Frau emotional total ausgehungert ist. So sehr, so intensiv ausgehungert, dass sie, wenn sie auf einen Mann trifft, der verspricht, viele ihrer Bedürfnisse zu erfüllen, keine der subtileren Signale erkennt. Die Emotion, die alles übertrumpft, ist unglaubliche Erleichterung, endlich einige dieser Bedürfnisse erfüllt zu bekommen. Unter Umständen kann sie so in die Hände eines Mannes geraten, der ihr schadet. Sie nimmt sich zu wenig Zeit oder schaut nicht genügend hin, um ihn auf Herz und Nieren zu prüfen.

Ein weiteres Beispiel: Nehmen wir an, Sie haben versucht und versucht und versucht, erfolgreich zu sein. Es hat aber bisher nicht funktioniert, also wirkt der Gedanke daran, aufzugeben, wie eine Erleichterung. Warum ist das so? Vielleicht liegt es daran, dass Sie währenddessen gedacht haben: »Ich bin ein Versager, ich werde nie etwas erreichen.« Sie haben also etwas aufgegeben, bei dem Sie sehr erfolgreich gewesen wären, weil Sie nicht ertragen haben, wie Sie sich innerlich selbst zur Schnecke gemacht haben. In diesem Szenario besteht eine große Wahrscheinlichkeit, dass Sie nicht hätten aufgeben müssen. Der ausbleibende Erfolg lag mit großer Wahrscheinlichkeit an der Art und Weise, wie Sie versuchten, erfolgreich zu sein. Alles, was es da braucht, ist, die Maßnahmen zu überdenken, mit denen Sie Ihren Erfolgsweg antreten.

Wir alle spalten unser Verhalten im Alltag in verschiedene Rollen, die der jeweiligen Situation angemessen sind. Im Job zeigen wir uns vielleicht supertough und dynamisch, zu Hause hingegen deutlich sensibler. Bei manchen ist es auch umgekehrt. Wenn wir uns aber dieser verschiedenen Rollen mit ihren verschiedenen Anteilen nicht oder nur halb bewusst sind, kann das zu regelrechten Spaltungen in unserem Bewusstsein führen.

Stellen Sie sich nun einmal vor, dass sich schon früh im Leben eine Spaltung in Ihrem Bewusstsein gebildet hat, und zwar zwischen dem verwundbaren Aspekt des Selbst, der andere Menschen braucht, und dem Beschützer-Aspekt des Selbst, der mit der Tatsache umgehen musste, dass es nicht wirklich Menschen gab, auf die er sich verlassen konnte, und deshalb vollständig unabhängig wurde. Dieser unabhängige Aspekt hat Sie in der Vergangenheit geschützt. Deshalb werden Sie sich stark mit ihm identifizieren. Sein Gegenteil, nämlich Ihren verletzlichen Teil, der sich andere Menschen um sich herum wünscht, weisen Sie ab. Weil Sie sich nun mit dem unabhängigen Teil von sich identifizieren, um sich sicher und gut zu fühlen, wird Ihr emotionales Leitsystem dafür sorgen, dass Sie sich nur dann gut fühlen, wenn Sie sich auf sich selbst verlassen. Womöglich ist das so stark ausgeprägt, dass es sich schon schlecht anfühlt, eine andere Person um Hilfe zu bitten. Oder es fühlt sich einfach falsch an, jemanden zu fragen – auch wenn Sie so viel erfolgreicher wären, denn verschiedene Kompetenzen führen gemeinsam zu Synergieeffekten, die man nicht immer allein erreichen kann.

Den Gefühlen, die mit Ihrem Beschützer-Ich verbunden sind, zu folgen, bedeutet, immer nur einem Teil seiner eigenen inneren Wahrheit zu folgen. Gelangen Sie dann zu Ihrem vermeintlichen Ziel, stellt sich eine eigenartige Leere ein. Sie fühlen sich wider Erwarten nicht überglücklich und erfüllt. Stattdessen kommen Gefühle auf wie »Soll das jetzt alles gewesen sein?« und »Was kann denn jetzt noch kommen?«.

Die meisten merken noch nicht einmal, dass sie auf der falschen Spur sind. Das Herumschrauben am eigenen Kompass zu erkennen, ist zunächst verwirrend, unser Bewusstsein wehrt sich deshalb dagegen. Und wenn wir es erkennen, stellt sich schnell die Frage: »Ja, aber was will ich denn jetzt eigentlich?« Um diese Frage zu beantworten, müssen wir das, was uns bisher geleitet hat, genauer anschauen.

Folgen Sie nicht einem falschen Kompass, der Sie nach Jahren und Jahrzehnten enttäuscht auf ein Leben zurückblicken lässt, das sich im Wesentlichen anstrengend und unerfüllt angefühlt hat. Um herauszufinden, wohin Ihre Kompassnadel eigentlich zeigen würde, wäre sie noch in Ordnung, gehen Sie Ihr Leben mit Neugier und Engagement an! Probieren Sie viel aus, fragen Sie sich bei jedem Erlebnis und jeder Erfahrung: »Wie fühle ich mich gerade? Und was ist der Grund dafür und warum? Sind es meine Gefühle und Gedanken, die zu mir sprechen, oder die internalisierten Stimmen anderer Leute?«

Ob unsere innere Stimme tatsächlich die unsrige ist oder eine verinnerlichte Stimme anderer, erkennen wir daran, ob sie zu unserem höchsten Wohl ist. Unsere Bezugspersonen wollten uns in der Regel nicht schaden, wenn sie uns Dinge sagten, die für uns nicht funktionieren. Aber sie agierten auf Basis von Glaubenssätzen, die für uns nicht unbedingt stimmig sein müssen. Fragen Sie sich: »Was würde ich tun, wenn ich wüsste, dass niemand über mich urteilte?« Folgen Sie dem, was sich gut anfühlt, folgen Sie Ihrem Glück, Ihrem inneren Leitsystem – und wenn es Sie dorthin führt, bis ans andere Ende der Welt.

Hören Sie Ihre innere Stimme!

Manche von uns können ihre innere Stimme hören, weil sie laut und deutlich zu ihnen spricht. Sie können sie nutzen, um Entscheidungen zu treffen – und das schnell und präzise. Manche wiederum können ihre innere Stimme aber nicht hören, oder nur ganz leise und verzerrt. Sie wissen dann oft nicht genau, was sie wollen; wissen nicht, was sie brauchen; wissen nicht, was sie denken oder fühlen.

Für diejenigen von uns, denen es so geht, ist es wichtig zu lernen, wie man tief in sich hineinhört, um eben diese innere Stimme wiederzufinden, sodass aus ihrem Flüstern wieder klare Worte – und notfalls auch ein Schreien – werden können. Wie ist es dazu gekommen, dass diese Stimme in uns verstummt ist?

Sie wurde stumm, weil zunächst andere Menschen nicht auf sie gehört haben. Vielleicht haben sie sogar gleich zu Beginn unseres Lebens diese Stimme ignoriert.[1] Vielleicht brachten uns unsere Eltern dazu, unserer eigenen inneren Stimme nicht immer zuzuhören und stattdessen ihnen zuzuhören. Das führte dazu, dass diese innere Stimme in uns schwächer und schwächer wurde. Unterdrückt, bis wir sie nicht mehr hören konnten. Ersetzt wurde sie durch die Stimmen anderer Menschen.

Unsere innere Stimme erreicht uns hauptsächlich durch Empfindungen, durch Emotionen und Gedanken. Selten spricht sie in Worten zu uns, obgleich sie auch diese Form annehmen kann. Eigentlich hören wir fast alle unsere innere Stimme, und zwar sehr oft. Wir realisieren nur nicht unbedingt, dass dies tatsächlich unsere innere Stimme ist, unsere Intuition. Ein inneres Wissen, ein inneres Sehen und Verarbeiten von Informationen, die in ihrer Fülle das Bewusstsein überfordern würden.

Wenn wir nicht auf unsere innere Stimme hören, sucht unser Körper andere Mittel, um mit uns zu kommunizieren. Das können Erfahrungen wie Bauchschmerzen, Rücken- oder Kopfschmerzen sein. Vielleicht schlafen wir schlecht oder werden anfälliger für Infekte. Verzerrt wird die innere Stimme durch unsere unbewussten Schatten, wie es der analytische Psychologe Carl Gustav Jung ausdrückte. Verzerrt durch Erfahrungen, die unzureichend verarbeitet wurden und zu Glaubenssätzen führten. Unter diesem Ganzen ist die Quelle der inneren Stimme, und sie ist unendlich klar. Sie gibt immer weiter, was in diesem Moment in uns echt ist, real. Gleichzeitig verschwimmt sie immer wieder, denn keine zwei Momente sind gleich. Wir sind immer in einem stetigen Prozess der Veränderung und Anpassung – das betrifft alle inneren und alle äußeren Faktoren.

Jeder von uns trägt Licht und Schatten in sich. Licht als positive, optimistische, lebensbejahende Seite. Und Schatten als traurige, enttäuschte, wütende Seite. Beide Seiten sind echt. Wir können uns nicht nur für eine entscheiden, wir können höchstens eine Seite unterdrücken. Wenn wir das aber vehement und durchgängig tun, entsteht daraus ein Schwelbrand. Die unterdrückte Seite wird dadurch heimlich immer stärker und regiert dann unser Leben aus dem Unbewussten.

Je aufmerksamer und achtsamer wir für unsere Gefühlszustände sind, je mehr wir unsere Schatten anschauen und als Teil von uns annehmen, desto weniger Macht werden diese haben. Einfach weil sie sozusagen als »Teil des Teams« mit unseren Anteilen in Kontakt stehen und sich mit ihnen austauschen müssen. So wird so manches relativiert, und die dunkle Seite versucht nicht heimlich, die Herrschaft an sich zu reißen. Je mehr jeder Anteil von uns sein darf und sich äußern darf, umso klarer wird die Summe dieses inneren Dialogs, die wir dann als innere Stimme wahrnehmen. Sie ist dann die genaue Abbildung dessen, was wir wirklich sind.

Bitte lassen Sie sich nicht von vermeintlichen esoterischen Gurus erzählen, dass Sie die innere Stimme ignorieren sollten, wenn sie etwas Negatives sagt. Dass Sie Ihrer Stimme nur zuhören sollten, wenn sie gute Dinge zu erzählen hat. Denn das würde bedeuten, einen Teil der Realität zu unterdrücken und sie schlicht nicht wahrhaben zu wollen. Egal was sie zu sagen hat, es ist Ihre innere Stimme, die da spricht. Wenn sie quengelt oder schimpft, dann versucht sie gerade, Ihre Aufmerksamkeit auf einen Aspekt zu leiten, der unbedingt angesehen werden sollte. Und zwar mit voller Aufmerksamkeit, denn diese Qualität ist pures und ungefiltertes Bewusstsein. Wenn Unterbewusstsein und Bewusstsein auf diese Art zusammenarbeiten, können Wunder entstehen. Nämlich solche, die wir selbst schaffen.

Stellen Sie sich eine offene Wunde am Bein vor, die nicht heilen will. Decken Sie diese ab, und schauen Sie woanders hin, in dem Glauben, dass sie dann nicht mehr existiert? Wohl kaum! Sie würden sich ihr zuwenden, versuchen herauszufinden, was sie braucht, um zu heilen. Genauso verhält es sich mit seelischen Verletzungen.

Nicht immer ist im engeren Sinne wahr, was unsere innere Stimme sagt. Manchmal lamentiert sie wie ein dreijähriges Kind, das gerade von seinem Dreirad geplumpst ist. Nach einer Schrecksekunde schaut es sich um, und wenn es dann auch den Schrecken in den Gesichtern der Erwachsenen sieht, schreit es los – obwohl es eigentlich nur einen kleinen Kratzer hat.

Zweifeln Sie nicht an Ihrer inneren Stimme, wenn sie so übertrieben daherkommt. Handeln Sie nur nicht sofort! Ein inneres Schreien hat seine Berechtigung. Es nicht zu beachten, wäre Selbstverleugnung. Geben Sie dem inneren Schreien Raum, und beobachten Sie, ob es wieder von allein abebbt wie bei einem weinenden Kind. Erst wenn sie sich nicht mehr beruhigen will, müssen wir nach Ursachen und Lösungen für dieses Gefühl suchen.

Wir sollten nicht behaupten, dass es uns gut geht, obwohl wir ganz offensichtlich unglücklich sind. Andere kaufen uns das sowieso nicht ab. Sie spüren, dass wir in solchen Momenten nicht authentisch sind. Das schafft Distanz zwischen uns und den anderen – und wir fühlen uns noch einsamer und niedergeschlagener. Natürlich müssen wir nicht dem Postboten in epischer Breite von unseren häuslichen Problemen erzählen. Aber ein emotional aufrichtiger Blick, gefolgt von einem Lächeln für den Fragenden, schaffen Authentizität und Verbindung. Und sei es nur für einen kurzen Moment.

Wenn wir eine Emotion spüren, beispielsweise weil wir getriggert wurden oder inspiriert sind, heißt das, dass unsere innere Stimme nach uns ruft und möchte, dass wir zuhören. Denken Sie bitte nie, dass es keinen Grund gibt für Ihren seelischen Zustand. Es gibt immer einen Grund! Manchmal ist er offensichtlich, manchmal liegt er im Verborgenen, verschüttet unter Sedimenten, mit denen das Bewusstsein versucht hat, ihn zu unterdrücken.

Damit es nicht so weit kommt, ist es wichtig, immer wieder mit seiner inneren Stimme in Kontakt zu treten – auch und gerade, wenn sie noch nicht schreit. Stellen Sie sich vor, Sie leben in einer liebevollen

Partnerschaft. Ihren Partner oder Ihre Partnerin würden Sie doch auch fragen, wie es ihm oder ihr geht. Egal ob dieser Mensch nun gerade genervt wirkt oder überglücklich. Auch wenn scheinbar nichts Besonderes los ist. »Hey, wie geht es dir? Wie läuft es? Wie fühlst du dich heute? Was möchtest du heute gern machen?« So finden auch kleine Dinge Raum, sich auszudrücken, bevor sie sich zu großen Katastrophen auswachsen. Wenn Sie das nicht machen, sei es mit dem Partner oder mit der inneren Stimme, dann bekommen diese den Eindruck, Sie seien nicht wirklich interessiert. Das nagt am Vertrauen. Wenn wir einem Menschen aber nicht vertrauen, dann reden wir auch nicht gern mit ihm.

Unsere innere Stimme braucht das Gefühl, dass sie uns wichtig ist. Wenn wir ihr nicht zuhören, ist es, als würden wir unserem Partner sagen: »Du bist unwichtig.« Die Folge ist beleidigter Rückzug.

Was also ist das Gegenteil von Unterdrückung? Ausdruck! Lernen Sie, Emotionen konstruktiv auszudrücken! Fühlen Sie sich beispielsweise von jemandem in Ihrem Umfeld ungerecht behandelt und haben eigentlich gar keine Lust mehr, sich überhaupt mit dieser Person abzugeben? Bevor Sie sich umdrehen und nie wiederkommen, gehen Sie in Kontakt. Nicht durch Anschreien und Beschuldigungen. Bitten Sie die andere Person um ein Zeitfenster zum Reden. Wenn sie nicht sofort Zeit hat, machen Sie einen Termin. So kann der andere sich dieser Situation nicht entziehen. Bevor Sie ins Gespräch gehen, werden Sie achtsam und nehmen alles wahr, was innerlich los ist. Dann teilen Sie mit Ich-Botschaften mit, was Sie fühlen: »Ich fühle mich traurig«, »Ich wünsche mir das Gefühl, für meine Leistung mehr anerkannt zu werden« – was auch immer. Nun liegen Ihre Gefühle auf dem Silbertablett. Das mag sich riskant und verletzlich anfühlen, ist jedoch die einzige Möglichkeit, sich wahrhaftig über Ihre Gefühle und Bedürfnisse auszutauschen. Wenn Ihr Gegenüber reif und intelligent ist, wird es versuchen, darauf einzugehen und seine eigenen Gefühle und Bedürfnisse auszutauschen. Daraus entsteht dann ein intensiver Kontakt und echte, authentische Verbundenheit. Beziehungen werden so stabilisiert. Ist Ihr Gegenüber ein Idiot, können Sie sich nach diesem Versuch immer noch umdrehen und gehen.

Ein Tipp: Achten Sie sehr, sehr gut darauf, sich langfristig nur mit Menschen zu umgeben, die sich wirklich für Sie interessieren, und auch für Ihre innere Stimme. Diese Menschen helfen Ihnen dabei, Ihre innere Stimme wieder lauter werden zu lassen und nicht leiser. Diese Menschen sind mit ihrer eigenen inneren Stimme in Kontakt. Ist Ihre innere Stimme vollständig verstummt, dann prüfen Sie Ihr Umfeld. Kann es sein, dass Sie umgeben sind von Menschen, die sich nicht für Ihre innere Stimme interessieren? Es wird nicht funktionieren, wenn Sie versuchen, sich in einem solchen Umfeld frei auszudrücken. Diese Art Menschen werden versuchen, Sie in solchen Momenten zu unterdrücken: »Vergiss es, was du denkst und willst, ist egal« oder auch anders formuliert: »Muss das jetzt sein?«.

Beginnen Sie den Weg mit kleinen Schritten. Wenn es zu radikal wirkt, Ihrer inneren Stimme immer gleich zu folgen, hören Sie in kleinen, »ungefährlichen« Situationen auf sie. Machen Sie noch einen kleinen Umweg auf dem Weg nach Hause, um vielleicht im Park den Enten im See zuzuschauen. Machen Sie einen Prozess daraus, sich selbst immer öfter wahrzunehmen und zuzuhören. Je mehr wir auf unsere innere Stimme hören, desto weniger schmerzhaft ist langfristig unser Weg. Denn seelischer Schmerz entsteht, wenn wir nicht im Einklang mit uns sind. Lassen Sie Ihre innere Stimme nicht in den Stimmen anderer untergehen!

Bleiben Sie flexibel!

»Nichts in der Geschichte des Lebens ist beständiger als der Wandel.«

Charles Darwin, 1809–1882
Naturforscher

Evolutionstheoretiker Charles Darwin prägte die Redewendung »Survival of the fittest«. Dabei wurde er allerdings fundamental missverstanden, denn Darwin sprach nicht davon, dass immer die größten oder stärksten Exemplare einer Art überleben und mehr Nachkommen in die Welt setzen als andere. Er bezog sich explizit auf die Lebewesen, die sich Veränderungen am besten anpassen. Das gilt nicht nur für Tiere oder für Menschen. Auch auf Unternehmen, die ja nicht ohne Grund als juristische Personen gelten, lässt sich dieser Grundsatz übertragen. Ihre Erträge stagnieren, wenn sie nicht auf dem aktuellsten Stand sind.

Beim Sport kennen wir das Problem, wenn wir uns zu sehr an eine vorgefertigte Strategie klammern. Wenn wir nicht flexibel reagieren, können wir schnell verlieren. Bleiben wir im Spiel aber offen und in Kontakt mit unserer Intuition, eröffnen sich weit mehr Chancen, das Spiel zu gewinnen. Warum sind bloß so viele von uns so starr und steif? Unsere Strukturen vielfach so unflexibel?

Ein Problem ist, dass wir in Systemen sozialisiert sind, die besonders Kindern – aber auch vielen Erwachsenen – blinden Gehorsam abverlangen. Damit alles so weiterläuft wie bisher. Bloß keinen Wirbel machen, wie etwa durch kritisches Nachfragen. Genau das ist aber nötig, um die Probleme und Herausforderungen unserer Zeit zu lösen. Die Integrität des Einzelnen ist Bedingung für eine gesamtgesellschaftliche Integrität. Wir müssen zu unserer jeweils eigenen Intuition stehen, wir müssen den Mut haben, sie zu äußern, und noch mal ein Stückchen mehr Mut, um, falls nötig, auch Konsequenzen zu ziehen.

KAPITEL 8

NUTZEN SIE IHRE VOLLE WEISHEIT!

Unser Körper kommuniziert mit uns

Trisha Coburn führte nach eigener Aussage ein Traumleben: Sie war 46 Jahre alt, lebte eine fantastische Ehe, hatte drei wundervolle Kinder und ein Mal-Atelier, in dem sie jeden Tag mehrere Stunden verbrachte. »Nicht nur war nichts verkehrt in meinem Leben«, erzählte sie bei der Oprah-Talkshow. »So vieles war so unfassbar richtig.« Doch eines Nachts hatte sie einen verstörenden Traum. Sie stand an einem Stacheldrahtzaun, auf dessen anderer Seite fünf oder sechs sehr schwach und krank aussehende Menschen versuchten, ihr etwas zu sagen – allerdings in einer Sprache, die sie nicht verstand. Eine Woche später kehrte der Traum wieder, nur dieses Mal mit einem Dutzend gespenstisch blass und krank aussehender Menschen. Als es in einer weiteren Nacht 20 dieser Leute in ihrem Traum waren, bekam sie Angst, abends schlafen zu gehen. Schließlich glaubte sie, etwas an den Nerven zu haben, und ging zum Arzt. Nach einer oberflächlichen Untersuchung wurde ihr gesagt, sie sei gesund und solle sich keine Sorgen machen. Eine Woche später standen ihr im Traum 100 schluchzende Menschen gegenüber. Sie schrie im Traum: »Ich weiß nicht, was ihr von mir wollt!« Ein paar Tage später hatte sie den fünften und letzten Traum dieser Art. Nun stand sie ganz allein am Zaun. Sie fiel auf die Knie und rief: »Kommt zurück, ich brauche eure Hilfe!« Und eine Stimme sagte in perfektem Englisch zwei Worte: »Look deeper« – schau tiefer. Sobald morgens die Arztpraxis öffnete, rief Trisha ihren Arzt an: »Was ist die tiefste Stelle im menschlichen Körper?« – »Der Darm, nehme ich an«, antwortete der Arzt. Doch sie habe weder eine familiäre Veranlagung noch Symptome, aufgrund derer die Versicherung eine Untersuchung bezahlen würde. Trisha bestand trotzdem auf einer Darmspiegelung. Sie beobachtete die Kamerabilder aus ihrem Inneren auf dem Monitor, als ihr Arzt auf einmal tief durchatmete: »Oha.« Eine große schwarze Masse war auf dem Bildschirm erschienen. Trisha wurde umgehend sediert und operiert. Der Krebs war sehr aggressiv und breitete sich schnell aus. Nur zwei Monate später hätten Trishas Überlebenschancen sehr schlecht gestanden.

Ist es wirklich so merkwürdig, dass unser Körper unserem Gehirn meldet, wenn etwas mit ihm nicht stimmt? Überhaupt nicht, schließlich tut er das auf anderen Ebenen ja die ganze Zeit. Der Körper meldet, wie unser Blutdruck reguliert werden soll und welche Hormonausschüttungen benötigt werden. Warum sollte er nicht melden, wenn etwas fundamental aus dem Ruder läuft?

Das Unterbewusstsein sucht dann nach Bildern, mit denen es das Bewusstsein erreichen kann. In Trishas Fall waren es die krank aussehenden Menschen hinter dem Stacheldraht, möglicherweise das Symbol für die kranken Zellen, das ihr Unterbewusstsein gewählt hatte. Trisha hatte genügend Selbstvertrauen, um entgegen der »rationalen« Aussage ihres Arztes eine gründliche Untersuchung zu verlangen. Das hat der lebensfrohen Frau das Leben gerettet.[1]

Partnerschaft ehrlich und authentisch leben

Die Schreiberin Suzanne Guillette erzählte bei Oprah, wie ihre Intuition ihr meldete, dass ihr damaliger Freund sie betrog. Sie sah ihn bei einem Strandausflug neben seiner angeblich platonischen Freundin Dana sitzen, und ein Bauchgefühl durchfuhr sie wie ein Blitz, so stark, dass sie stolperte. Sie erinnerte sich daran, dass sie kurz zuvor von Dana geträumt hatte, wie diese auf dem Schoß ihres Freundes saß. Doch Suzanne kam sich dumm vor, grundlos eifersüchtig. Sie wollte keinen unnötigen Ärger machen und schob das Gefühl von sich. Neun Monate später gestand ihr Freund, er habe eine Affäre mit Dana gehabt. Suzanne war wütend, allerdings auch auf sich selbst. Denn sie erkannte, dass sie sich selbst belogen hatte. Im Grunde hatte sie die Wahrheit schon die ganze Zeit gekannt. Seither hört Suzanne immer auf ihre Intuition, hat eine neue Liebe gefunden und wohnt in ihrer persönlichen Traumwohnung.[2]

»Die Krankheit unserer Zeit ist die Beziehungslosigkeit, viele Menschen sind nicht in Beziehung zu sich selbst und zu den Dingen. Intuition meint, nach innen schauen, meint, Beziehung aufzunehmen zu sich selbst und zu den anderen, in seine Seele hineinschauen, spüren, was er ist und was er braucht, sodass etwas fließt zwischen uns.«

Anselm Grün, *1945
Benediktinerpater, Autor spiritueller Bücher und Referent

Ein gutes Bauchgefühl bemerkt auch die Dinge, die sich dem Verstand – noch – entziehen. Das funktioniert besser, je genauer wir uns kennen. In einer Partnerschaft gibt es immer Situationen, wo sich einer an den Grenzen des anderen bewegt. Also an der Grenze dessen, was sich für die andere Person akzeptabel und gut anfühlt. Heutzutage gibt es weniger allgemeingültige Regeln dazu als früher, und so muss sich jedes Paar ganz neu und individuell finden.

Die Frage ist: Wie sprechen wir über unsere Grenzen? Die beste Methode ist ganz klar, offen und direkt anzusprechen, dass für uns eine erfüllte Beziehung anders aussieht. Dabei sollten wir gleichzeitig Angebote machen, wie es für uns funktionieren kann, und darüber in den Austausch gehen. Ist es nicht möglich, eine gemeinsame Schnittmenge zu finden, ist es gut, die Konsequenzen daraus eher früher als später zu ziehen, da wir sonst leicht in Teufels Küche kommen.

Nehmen wir ein Beispiel: Ein Mann hat eine Partnerin, die viele platonische Freundschaften mit anderen Männern pflegt. An und für sich ist das für beide Partner in Ordnung. Doch wenn sich seine Partnerin mit einem Mann immer öfter trifft und sich nach diesen Treffen irgendwie anders verhält, spürt ihr Partner intuitiv: Da ist mehr als Freundschaft. Wenn er sie dann sachlich darauf anspricht, kann es sein, dass sie gleich ausrastet. Diese übermäßig emotionale Reaktion ist ein Zeichen, dass sie sich ertappt fühlt und eine Bestätigung für die Intuition ihres Partners. Er hat den Nagel auf den Kopf getroffen. Mit der heftigen Emotionalität soll aber diese Wahrheit zurückgedrängt werden. Vielleicht hagelt es dann gleich auch noch eine Runde Vorwürfe: Er schnüffle ihr hinterher, er sei krankhaft eifersüchtig. Das alles, weil er ganz nüchtern gesagt hat: »Ihr trefft euch oft in letzter Zeit.«

Wenn jemand Ihnen suggeriert, dass Sie eine Frage gar nicht zu stellen haben, ist das ein schlechtes Zeichen. Mit einer Einschränkung: Bombardiert jemand seine Partnerin oder seinen Partner ständig mit »Wo warst du?!«, wenn sie oder er fünf Minuten später nach Hause kommt, wird diese Person selbstverständlich irgendwann genervt reagieren. Aber das ist ein anderer Fall.

Weil aus der Küchenpsychologie mittlerweile die meisten schon einmal gehört haben, dass Lügner ihrem Gegenüber nicht in die Augen sehen, versuchen einige gewiefte Exemplare stattdessen, den anderen ganz besonders standhaft anzuschauen. Doch der Blick fällt auf. Er ist zu starr, zu intensiv, irgendwie komisch. Genau das nimmt unsere Intuition wahr. Das Signal ist leise und unscheinbar, darum sollten wir ganz genau hinhören!

Ein ähnliches Phänomen gibt es bei der Stimmlage. Weil viele schon gehört haben, dass die Stimme bei Lügnern aufgrund der Anspannung höher klingt, sprechen geübte Lügner gern besonders tief und langsam. Dabei klingen sie so schön vernünftig und vertrauenserweckend. Aber die Partnerin oder der Partner weiß es besser. Der stärkste Indikator für das Lügen ist ein Abweichen vom Grundmuster, also von dem, was normal ist. Egal in welche Richtung das Pendel ausschlägt.

Frauen haben dafür meistens ein feineres Gespür als Männer. Je länger Frauen mit ihrem Mann zusammen sind, umso kalibrierter wissen sie, ihn einzuschätzen. Zu Beginn einer Beziehung sind Männer und Frauen gleich gut beziehungsweise gleich schlecht bei der Wahrnehmung von Abweichungen vom Grundmuster. Aber bereits nach drei bis vier Monaten hat die Frau so viele Muster vom Mann wahrgenommen und abgespeichert, dass sie Abweichungen deutlich eher mitkriegt als der Mann.

Der Durchschnittsmann ist genauso schlau wie vorher. Das liegt wohl daran, dass Frauen im Durchschnitt sozial und emotional intelligenter sind als Männer. Die Betonung liegt bei beiden Geschlechtern auf »Durchschnitt«, denn natürlich gibt es auf individueller Ebene große Unterschiede. Aber tendenziell fühlen Frauen Emotionen und Veränderungen in Beziehungen eher als Männer. Sie nehmen auch außerhalb ihrer eigenen Partnerschaft eher wahr, wenn beispielsweise im Freundeskreis eine Beziehung auf der Kippe steht.

Ich glaube, dass diese Unterschiede zu einem großen Teil sozialisiert, also durch Erziehung antrainiert sind. Mittlerweile ändert sich das ja, und immer weniger Männer werden dazu indoktriniert, hart zu sein, keinen Schmerz und keine Emotionen zu zeigen – und sich so von sich selbst abzuschneiden. Das bedeutet, dass wir bei den jüngeren Generationen zunehmend mehr Sensibilität und einen natürlicheren Umgang mit Emotionen auch bei Jungen und Männern sehen werden.

Schon jetzt ändern sich in Hollywood die Vorbilder. Hünenhafte Gestalten wie Jason Momoa, der Hauptdarsteller von »Aquaman«, oder auch der Wrestling-Star Dwayne »The Rock« Johnson zeigen offen ihre Gefühle und lassen ihren Tränen freien Lauf, wenn es so weit ist. Sie vermitteln ein neues Männerbild: Wer sich in seiner Männlichkeit wohlfühlt, der kann auch Emotionen zeigen.

Warum gibt es bloß so viele Männer, die bisher ihre Emotionen kaschierten und das teilweise immer noch für notwendig halten? Wir kaschieren Emotionen, wenn wir fälschlicherweise annehmen, sie könnten als Schwäche ausgelegt werden. Gefühle werden aber nur von denjenigen als schwach ausgelegt, die ganz tief in ihrem Inneren selbst mit Schwäche zu kämpfen haben. Jemand, der wirklich selbstbewusst ist, der steht zu seinen Emotionen, steht zu seinen Stärken und zu seiner Verletzlichkeit gleichermaßen.

Genau genommen sind es oft unsere größten Schwächen, die unsere größten Stärken hervorbringen können. Weil wir uns damit bestenfalls intensiv auseinandersetzen und daran wachsen. Deshalb nimmt ein emotional entwickelter Mensch auch Kritik nicht unbedingt negativ auf und feuert nicht gleich zurück, sondern prüft, ob ihm das Feedback eine Chance für sein persönliches Wachstum bietet – oder auch nicht.

Grundsätzlich merken Partner in einer Liebesbeziehung intuitiv, wenn etwas im Busch ist, dazu bedarf es – zunächst – keiner rationalen Erklärungen. Wir spüren die Stimmung unseres Gegenübers und bekommen einen Impuls, ob wir in die Handlung gehen sollten oder ob das nicht notwendig ist, also ob wir auf die gegenwärtige Stimmung unseres Gegenübers eingehen sollten. Wir wollen ja, dass es unserem Partner gut geht, sei es beruflich, gesundheitlich oder in der Begegnung mit anderen Menschen. Wenn es dann darum geht, dem Partner oder der Partnerin einen guten Tipp zu geben, greift man immer intuitiv auf das ganze Wissen zu, das man bis dahin gesammelt hat: Was hat der andere schon versucht, was nicht, worin ging er oder sie auf und hat viel gelacht?

Wir speichern alle Bilder unseres Partners oder unserer Partnerin im Unterbewusstsein ab. Damit verfügen wir über einen großen Wissensspeicher, angefüllt mit Tausenden und Abertausenden Informationen und ganz feinen Signalen, die bei einer jeweiligen Emotion den Gefühlszustand unseres Partners nach außen tragen. Das Zusammenspiel all dieser Informationen und Signale ist so komplex, dass wir es kaum bewusst verarbeiten können. Wir erinnern uns: Das Bewusstsein arbeitet seriell, hakt also eine Sache nach der anderen ab. Das Unterbewusstsein hingegen verarbeitet ganz viele Sachen parallel und ist deshalb schneller.

Unser Unterbewusstsein erkennt außerdem, ob eine Emotion echt oder gespielt ist. Für alle, die momentan noch nicht so intensiv mit ihrer Intuition in Kontakt stehen, ist ein bisschen Wissen zur Interpretation von Signalen hilfreich. Wenn die Person zwar lacht, die Augen lachen jedoch nicht mit, dann stimmt etwas nicht. Oder wenn eine Frau bei einer Umarmung beispielsweise ihr Becken weit nach hinten schiebt, dann will sie eigentlich Distanz schaffen zwischen sich und der anderen Person. Macht sie es bei einem Mann, ist das ein klares Signal, dass sie sexuell schon mal kein Interesse an ihm hat.

In jeder Beziehung erspüren wir natürlich auch die emotionalen »Kontostände«, wann der eine sehr viel gibt, während der andere vielleicht gerade eher nachlässig oder unaufmerksam war. Dann spüren wir intuitiv, dass es mal wieder Zeit ist, hier reinen Tisch zu machen und die Beziehung mit neuem Leben zu füllen.

Wenn wir verliebt sind, kann es dennoch sein, dass wir uns auf der Nase herumtanzen lassen und vor vielen Dingen die Augen verschließen, selbst wenn die andere Person gegen unsere Werte verstößt. Oft muss dann erst etwas Massives kommen – wie Lug oder Betrug –, damit wir die Reißleine ziehen. Von Grund auf ändern können wir unseren Partner aber nicht. Wer vom anderen verlangt, sein wahres Wesen zu verleugnen, wird Widerwillen ernten – mal mehr, mal weniger offen zur Schau getragen.

Wie erkennen wir, ob wir den Menschen getroffen haben, mit dem wir unser Leben verbringen wollen? Auch das ist zutiefst intuitives Wissen. Es gibt keine Formel, nach der man rational zusammenrechnen kann, wie gut man zueinander passt – selbst wenn bestimmte Dating-Websites für sich beanspruchen, zumindest die Wahrscheinlichkeit einer gelingenden Beziehung durch bestimmte Algorithmen zu erhöhen. Weder können sie das Entstehen einer Beziehung noch ihren harmonischen Verlauf garantieren. Kein Algorithmus der Welt hat es bisher geschafft, Scheidungen zuverlässig zu verhindern. Letztlich spürt man intuitiv, ob man sich gerade zueinander hingezogen fühlt und ob man weiterhin zusammengehört. Für eine tragfähige Partnerschaft sollten einige kritische Faktoren im Wesentlichen übereinstimmen: Vernunft, Werte, Ethik. Andere Faktoren sind dagegen weicher und weniger wichtig. Da kann man auch einmal das Fehlen von etwas akzeptieren, wenn etwas anderes dafür umso mehr gegeben ist.

Wenn Sie anderen Menschen wirklich aufmerksam zuhören, dann werden Sie sehr viel über Ihr Gegenüber erfahren. Sie werden leichter erkennen, in welcher Lage sich die andere Person befindet und wie sie sich fühlt. Beachten Sie auch die Körpersprache, den nonverbalen Teil unserer Kommunikation, um eine qualitativ hochwertige Beziehung zu führen. Selbst wenn wir nichts sagen, kommunizieren wir immer nonverbal. Es ist nicht möglich, nicht zu kommunizieren, wie der Kommunikationswissenschaftler Paul Watzlawick feststellte.[3] Unser Unterbewusstsein tauscht sich ständig mit dem Unterbewusstsein der anderen Person via Gestik, Mimik und Körpersprache aus.

Wir sind uns besonders nahe, wenn wir echt sind, also unsere wahren Gedanken und Gefühle miteinander teilen. Doch immer wieder gibt es Momente, wo sich eine gewisse Distanz einschleicht. Dass jemand beispielsweise nicht die Wahrheit sagen möchte, erkennt man daran, dass die Leute zögern, wenn man sie auf etwas anspricht.

Auf die Frage: »Bist du gestern nach dem Sport gleich nach Hause?«, kommt beispielsweise die Antwort »Wie meinst du das, ob ich nach dem Sport gleich nach Hause bin?«. Hier geht es darum, Zeit zu schinden, um sich eine passende Antwort paratzulegen. Eine Gegenfrage auf eine normale einfache Frage, die sogar noch geschlossen ist, die also eigentlich nur mit »Ja« oder »Nein« beantwortet werden kann, ist ein verdächtiges Indiz. Der Lügner versucht so, Zeit zu gewinnen. Schließlich muss er ja eine Lüge aufbauen, sie konstruieren, sie soll ja perfekt sein, das Gerüst eines Lügenschlosses. Das kostet Energie, und dafür braucht der Lügner Zeit und mentale Energie. Er reagiert mit einer Gegenfrage, einer Ablenkungsfrage oder auch mit einem Vorwurf: »Warum stellst du denn so eine Frage? Vertraust du mir etwa nicht?!« Wenn so etwas kommt, antworten Sie: »Das war eine ganz normale Frage.« Rastet nun Ihr Gegenüber aus, ist das schon ein sehr großes Indiz – mit Einschränkung. Vielleicht hatte die Person einen stressigen Tag auf der Arbeit, bei der viele ihrer Tätigkeiten infrage gestellt wurden. Dann kommt sie heim und hört als erstes – paraphrasiert: »Was hast du getan?« Da können dünne Nerven auch schon einmal reißen.

Dieses Zeitschinden findet allerdings nicht immer statt. Es kann auch sein, dass der Lügner diese Frage bereits antizipiert hat, weil er weiß, dass er sich verdächtig verhalten hat. Dann kommt die Antwort zu schnell, zu laut, zu deutlich – wie aus der Pistole geschossen.

Wenn Sie viele Indizien, möglicherweise sogar Beweise haben, dass Ihr Partner Sie in irgendeiner Weise hintergeht, haben Sie grundsätzlich zwei Möglichkeiten. Die erste ist, einfach nichts zu tun. Das würde bedeuten, dass Sie sich selbst nicht treu sind. Möglicherweise aufgrund von Verlustangst oder weil Sie vor dem Konflikt Angst haben. Dabei bedeutet ein gewisses Maß an Reibung schlichtweg Weiterentwicklung. Zu viel Reibung reibt beide Partner natürlich im wahrsten Sinne des Wortes auf, da muss man auf Dauer irgendwann die Reißleine ziehen. Die Wahrscheinlichkeit, sich in einer hundertprozentig harmonischen Beziehung wiederzufinden, wo tatsächlich beide Partner stets genau dasselbe wollen, halte ich für gering. Deshalb ist es der Normalfall, manchmal Dinge über Reibung klären zu müssen. So gibt man sich selbst und seinem Partner die Möglichkeit, die Qualität der gemeinsamen Beziehung zu steigern und sich gemeinsam weiterzuentwickeln.

Doch wie spricht man etwas an, für das man Belege hat, der Partner oder die Partnerin es aber zu vertuschen versucht? Konfrontieren Sie die Person zunächst in möglichst sachlichem, nüchternem Ton. Stellen Sie klar, dass es nicht Ihren Werten entspricht zu lügen. Versuchen Sie zu ergründen, warum Ihr Partner Sie angelogen hat. Manchmal lügen Menschen nicht, weil Sie sich auf Kosten anderer einen Vorteil verschaffen wollen. Manchmal möchten sie jemanden schützen, gewissermaßen belastende Tatsachen von der geliebten Person fernhalten. Eine solche Motivation hat auf eine Beziehung einen anderen Effekt als beispielsweise pure Selbstsucht.

Sagen Sie dennoch deutlich, wenn es so ist: »Lügen gehört nicht zu meinen Werten. Ich möchte nicht mit Menschen zusammen sein, die lügen, weder beruflich noch privat.« Stellen Sie je nach Tragweite klar, dass Sie weitere Lügen dieser Art nicht mehr akzeptieren werden.

Kluge Partnersuche

Falls Sie sich derzeit noch auf der Partnersuche befinden: Notorische Lügner erkennt man daran, dass sie oft auch bei Kleinigkeiten lügen. Hochstapler lehnen sich oft weit aus dem Fenster – auch wenn es überhaupt nicht notwendig ist. In gewisser Weise leben sie in ihrer eigenen Traumwelt und glauben sogar vieles von dem, was sie erzählen, selbst. Deshalb schaffen sie es mit Überzeugung und tiefster Inbrunst, von ihren Hirngespinsten zu erzählen, und ziehen womöglich viele Menschen damit in ihren Bann. Der aufmerksame Zuhörer und Beobachter wird jedoch schnell Ungereimtheiten feststellen. Sind die Geschichten alle ein bisschen zu grandios, zu toll, zu speziell? Gibt es aber sonst keine Anhaltspunkte dafür, dass dieser Mensch ein besonders außergewöhnliches Leben lebt? Es gibt Lügner, die erzählen Märchen darüber, was für ein Auto sie fahren. Das ist wirklich schnell entlarvt. Gern wird sich auch mit fremden Federn geschmückt oder erzählt, welche wichtigen und einflussreichen Personen man alles kennt. Merkwürdigerweise tauchen diese aber bei Treffen niemals auf. Man merke sich: Menschen, die bei Unwichtigem oder bei Kleinigkeiten immer wieder lügen, haben eine geringere Hemmschwelle, dies auch bei wichtigen Angelegenheiten zu tun.

Einschränkend möchte ich davor warnen, zu misstrauisch zu werden und überhaupt niemanden mehr in sein Leben zu lassen. Jeder von uns lügt rund 60-Mal am Tag. Werden auch die kleinen »weißen« Lügen mitgezählt (»Wie geht es dir?« – »Gut!«), dann lügen wir alle sogar etwa 200-Mal am Tag. Die allermeisten von uns haben eine gewisse Tendenz, sich ein bisschen besser darzustellen, als sie sind. Das wird gewissermaßen erwartet und ist in der Wahrnehmung und Interpretation der anderen schon mit eingebaut. Deshalb wirkt es auf viele auch wie gravierende Inkompetenz, wenn plötzlich jemand beispielsweise beginnt, seine bisherigen Fehler aufzuzählen, wenn er um einen Auftrag wirbt. Hier sind Frauen oft ehrlicher als Männer, haben aber aufgrund dieser Erwartungshaltung dann auch manchmal das Nachsehen. Denn wenn sie in diesem Kontext Unsicherheit zeigen, wird ihr

Gegenüber für den Rest des Gesprächs nach Fehlern und Unzulänglichkeiten suchen. Der Gesprächspartner wurde sozusagen darauf *geprimed*. Nutzen Sie diese Erkenntnis fürs Dating, und packen Sie nicht sofort alles auf den Tisch, was Sie im Alltag belastet. Ihr Gegenüber würde sonst gleich vermuten, dass da noch viel mehr im Busch ist. Außerdem gehen Fremde unsere privaten Angelegenheiten auch erst einmal nichts an. Dosieren Sie beim Kennenlernen, wie viel Sie erzählen – die andere Person darf sich Ihr Vertrauen erst einmal verdienen.

Eine Studie des Datingportals ElitePartner zeigte 2018, dass Schüchternheit ein elementarer Grund ist, warum Menschen single bleiben. Noch wichtiger ist allerdings die Angst vor der Enttäuschung. Für beide Probleme gibt es eine Lösung: Stürzen Sie sich nicht blind ins Abenteuer, sondern gehen Sie erst einmal in Kontakt mit Ihrem Gegenüber! Wenn Sie mit Ihrer Schüchternheit beschäftigt sind, bedeutet das, dass Sie mehr mit sich selbst als mit Ihrem Gegenüber beschäftigt sind. Dadurch verpassen Sie viele Informationen, falls Sie es überhaupt auf ein Date geschafft haben.

Trauen Sie sich beispielsweise nicht, die andere Person direkt anzusehen, entgeht Ihnen deren Mienenspiel, das Ihnen eigentlich wichtige Informationen zur Bewertung des Gesagten liefern würde. Sind Sie nur darauf konzentriert, wie Sie wirken, merken Sie vielleicht nicht, wenn sich die Körperhaltung des anderen verändert oder wie er oder sie bei bestimmten Fragen nervös wird.

Mit anderen Worten: Lassen Sie Ihre Schüchternheit hinter sich. Beim Dating geht es nicht um Sie. Sie sind prima. Die Frage ist: Passt die gegenübersitzende Person zu Ihnen? Sollte wirklich genau dieser Mensch künftig auch auf Ihrem Sofa sitzen? Verschieben Sie Ihren Fokus gewissermaßen auf das Prüfobjekt (natürlich ist jeder ein wertvoller Mensch, nur nicht für jeden gleich bereichernd), dann ebbt Ihre Schüchternheit von allein ab.

Begeben Sie sich öfter auf unverfängliche Verabredungen zum Kaffee, um Ihre Kontaktfähigkeit zu trainieren. Der Begriff »Kontakt« kommt vom lateinischen »contactus«, was »Berührung« heißt. Berührung setzt voraus, dass zwei Kontaktflächen aufeinanderliegen und sich leicht reiben, sodass ein Empfinden daraus entsteht. Stellen Sie sich ein zartes seelisches Anfassen und Streicheln vor. Berührung ist nicht Verschmelzung! Das betont vor allem die Denkschule der Gestalttherapie. Das Ohr wird vom Ton berührt, verschmilzt aber nicht mit ihm. Das Auge wird vom Licht berührt, verschmilzt aber (hoffentlich) nicht mit ihm.

Oftmals üben wir aber gar nicht mehr, miteinander wahrhaftig in Kontakt zu gehen. In unserer schnelllebigen Ex-und-Hopp-Gesellschaft sind viele seelisch so ausgehungert, dass sie das Stadium des Kontakts überspringen und direkt in die Verschmelzung mit einem neuen Partner wollen. Dabei nehmen sie sich aber entscheidende Möglichkeiten: den anderen erst einmal richtig zu sehen, richtig zu spüren. Kontaktfähig zu sein, heißt, sich mit seiner Umwelt austauschen zu können. Das bedeutet aber auch, sich stets als selbstständigen Organismus mit eigenen Bedürfnissen wahrzunehmen.

Gehen Sie außerdem in Kontakt mit Dingen und Ideen, bevor Sie entscheiden, sie gegebenenfalls in Ihr Glaubenssystem oder Ihre Denkweise zu integrieren. Drehen und wenden Sie neue Informationen, bevor Sie entscheiden, ob sie fortan zu Ihnen gehören sollen. Und genauso schauen Sie sich auch potenzielle Partner und Partnerinnen erst einmal genau »von allen Seiten« an. Sonst kann es sein, dass Sie sich etwas »nicht Nahrhaftes« einverleiben, also zu einem Teil von Ihnen selbst machen.

Der Kontakt ist die grundlegende, evolutionär bedingte Voraussetzung zum Überleben, auch wenn dieses Überleben heute oftmals vor allem seelischer Natur ist. Und denken Sie daran: Fehlernährung kann ebenso zum Mangel führen. Was nicht zu uns passt, kann schwer im Magen liegen. Wägen Sie deshalb genau ab, was zu Ihnen gehört und was nicht.[4]

Seit es die sozialen Medien gibt, sind wir sehr mit der Selbstbeobachtung beschäftigt, auch weit über das Teenageralter hinaus, wo es zum normalen Reifungsprozess gehört. Wir vergleichen uns beinahe unaufhörlich, und einige meinen vielleicht sogar, den Wert ihres Selbsts in der Zahl der Likes, Herzchen oder Kommentare unter ihrem neuesten Post wiederzufinden. Das ist eine extrem wirkungsvolle Art, sich selbst zu verunsichern.

Dabei kommt es potenziellen Partnern auf ganz andere Werte an, wie die ElitePartner-Studie zeigt: 88 Prozent der Frauen und 80 Prozent der Männer schätzen es, wenn Ihr Gegenüber gute Manieren hat. 78 Prozent der Frauen und 69 Prozent der Männer erhoffen sich, mit ihrem künftigen Partner oder der Partnerin über ihre Gefühle sprechen zu können. Beinahe nichts schafft so viel Verbundenheit in einer Beziehung wie gelungene Kommunikation. Gut, über Gefühle sprechen zu können, setzt allerdings voraus, dass wir unsere eigenen Gefühle kennen und gleichzeitig wahrnehmen, was beim anderen vor sich geht.

Ob sie eine Beziehung mit jemandem eingehen wollen, machten 91 Prozent der Frauen und 87 Prozent der Männer daran fest, ob sie viel Spaß mit der anderen Person haben. Beinahe gleichauf wurde allerdings genannt: »Dass wir uns gut miteinander unterhalten können« (91 bzw. 86 Prozent). Gleich auf Platz drei kam »mein Gefühl, meine Intuition« (89 bzw. 81 Prozent), wenn es darum geht, sich auf jemanden tiefer einzulassen.

Verkorkste Intuition

Einsamkeit ist eine kollektive Epidemie. Sie ist der Ursprung von Gewalt und Kriminalität, weil sich Betroffene als getrennt von ihren Mitmenschen wahrnehmen. Wir können aber auch innerlich einsam werden. Und zwar sehr. Nämlich dann, wenn wir innere Anteile von uns abspalten. Das geschieht vor allem dann, wenn wir uns beschämt fühlen.

Wenn wir uns schämen, dann wurde uns vermittelt, dass ein bestimmtes Verhalten oder Gefühl nicht akzeptabel ist. Im Kindesalter kann das tiefe Wunden schlagen, denn ein Kind ist von seinen Eltern abhängig, um zu überleben. Das gilt umso mehr, je kleiner es noch ist. Dieses Gefühl der Abhängigkeit haben wir als Erwachsene weitgehend verdrängt. Dabei hat es unsere ersten Lebensjahre doch maßgeblich geprägt. Beziehungen sind in unseren ersten Lebensjahren so wichtig für uns wie das Essen und Trinken – so sehr, dass selbst die körperliche Entwicklung leidet, wenn Kinder nicht genügend Zuwendung erfahren.[5]

Im Rahmen unserer Erziehung und Sozialisation wird uns mitgeteilt, was an uns »gut« und was »böse« ist. Was uns zu einem guten Menschen macht, der Zuwendung erhält – und was zu einem schlechten, von dem man sich abwendet. Das kann durchaus auch ganz subtil passieren. Durch die Mutter, die das Kind immer wieder ermahnt, leise zu sein: »Nicht so laut.« Im Grunde fühlt es sich für das Kind an, als würde es in einem solchen Moment verbal weggeschubst. Es entsteht eine Distanz, die Verbindung zur lebenswichtigen Mutter ist gestört. Für das körperliche System eines kleinen Kindes bedeutet das Gefahr! Es schüttet die entsprechenden Hormone aus, die sein System unter Stress setzen. Liebevolle Kommentare, zugewandtes Reden oder Spielen fühlen sich dagegen wie ein seelisches Heranziehen an. Die Verbindung ist gestärkt. Das innere System des Kindes entspannt sich.

Nun lernt das Kind: Um eine starke Verbindung zur Mutter zu halten, muss ich einen Teil von mir abspalten, denjenigen, der eine Trennung zwischen mir und meiner Mutter verursacht. Es grenzt seinen unerwünschten Anteil aus. Dadurch kommt es zu einer inneren Fragmentierung. Das ist die Wurzel von Scham.

Um innerlich wieder zu einem ganzen Menschen zusammenzuwachsen, müssen wir die verstoßenen Anteile wieder erleben, erfahren. Wir müssen akzeptieren, dass wir verschiedene Seiten haben und dass sie alle zu uns gehören. Was wir als Teil von uns annehmen, wird geliebt. Wenn wir Teile von uns selbst ablehnen, ist das eine Form von Selbsthass. Dieser äußert sich dann vielleicht durch selbstschädigendes Verhalten wie etwa Kettenrauchen, Saufen oder mit 200 Sachen über die Autobahn zu heizen. Es kann auch – und letzteres Verhalten gehört ja schon dazu – zu Aggressionen gegenüber anderen Menschen führen. Völlig Unbeteiligte müssen dann den seelischen Schmerz ausbaden, der doch seinen Ursprung ganz woanders hatte.

Manche von uns lösen das Problem im Erwachsenenalter, indem sie enge Bindungen meiden und maximal »unabhängig« werden wollen. Das ist aber eine Illusion. Wir können nie völlig unabhängig sein, die menschliche Spezies ist eine soziale. Stellen Sie sich einmal vor, sie müssten ohne Bäcker, ohne Klempner, ohne Supermärkte auskommen. Wir leben in einem großen, interdependenten Beziehungsgeflecht, dem wir uns kaum entziehen können.

Vielleicht wird es künftig möglich sein, Kinder auf ihrem Weg ins Leben so zu begleiten, dass man sie bittet: »Achtest du bitte darauf, dass das für Mama – oder Papa – auch okay ist?«. So bleibt das Kind mit seinen Bezugspersonen verbunden, ja, es kann sogar selbst etwas tun, um die Verbindung noch zu stärken. Aus einem solchen Kontext heraus erwachsen starke, liebevolle und umsichtige Menschen.

Wie kommt man nun mit seinen abgespaltenen Anteilen überhaupt wieder in Kontakt? Der beste Weg: Lassen Sie sich antriggern! Wenn eine Person Sie so richtig aufregt – etwa weil sie Erfolg hat und das auch zeigt –, dann ist das ein fantastisches Zeichen, denn eigentlich wollen Sie das auch! Das, was diese Person nach außen lebt, haben Sie nur innerlich abgespalten. Weil irgendjemand in frühen Jahren Ihnen vermittelt hat, dass Sie dann nicht mehr angenommen oder erwünscht sind.

Machen Sie einmal einen todesmutigen Schritt, und verbinden Sie sich mental mit dieser Person, die Sie so aufregt. Versetzen Sie sich in sie hinein. Spüren Sie, wie sie sich fühlt? Was denkt diese Person? Was treibt sie an, was inspiriert sie? Wie ist es, wenn sie Erfolg hat? Fühlt sich das gut an? Ja, das fühlt sich gut an. Mit dieser Übung erhält der so lange unterdrückte Teil von Ihnen ein erstes zartes Signal. Nämlich, dass er sein darf. Dass er erlaubt, ja sogar eingeladen ist. Sie ziehen diesen inneren Teil von sich zu sich heran, statt ihn wegzuschubsen.

Denken Sie daran: Unsere sichtbare Persönlichkeit ist in der Regel nur die Summe dessen, was uns in unserer Kindheit Sicherheit gebracht hat. Der vermeintlich schöne Schein, zumindest in den Augen Ihrer primären Bezugspersonen. Versuchen Sie, wann immer sich Ihnen eine Möglichkeit bietet, mit allen inneren Anteilen in Kontakt zu kommen. Fühlen sie sich innerlich alle gleich wahrgenommen und berechtigt, können sie problemlos miteinander ko-existieren. Keine Sorge, Sie haben immer noch eine übergeordnete Instanz in Ihrem Bewusstsein, die filtert, welcher Teil sich in welcher Situation nach außen ausdrücken darf. Doch allein dadurch, dass Sie sich vollständig wahrnehmen, sind Sie schon an eine Sache näher herangerückt: inneren Frieden.

Manchmal werde ich gefragt, ob ich andere im Alltag manipuliere. Dazu sage ich dann: genauso viel wie jeder andere auch. Die besten Manipulatoren in unserer Gesellschaft sind ohnehin Kinder. Allein von ihrer Physiognomie her mit ihren Pausbäckchen und Stupsnasen bringen sie uns dazu, unsere eigenen Bedürfnisse oftmals hinter ihren zurückzustellen. Angenommen Kinder sähen nicht so süß aus, dann wäre die Menschheit wahrscheinlich schon längst ausgestorben. Sie wickeln uns mit ihrer niedlichen Tollpatschigkeit um den Finger, wie sie lachen, wie sie Quatsch machen. Und dann lernen sie irgendwann auch noch, die Eltern bei Bedarf gegeneinander auszuspielen. Kinder sind supermanipulativ, zunächst aber nur, um zu überleben.

Unter Erwachsenen gibt es natürlich Politiker oder Schreiber, die sehr manipulativ arbeiten – aber so effektiv wie ein Kind sind sie dabei nicht. Mit Charme, Spaß, Lebensfreude und Optimismus ziehen wir allerdings auch als Erwachsene andere Menschen auf unsere Seite. Und wenn wir dabei auch noch anders denken als gewohnt, womöglich festgefahrene Bahnen verlassen, dann kann das auch faszinieren. Werden Sie also zur Inspiration für Ihre Mitmenschen!

KAPITEL 9

WERDEN SIE IHRES GLÜCKES SCHMIED!

Dankbarkeit beflügelt

Eine sehr gute Art und Weise, ein einschränkendes Selbstbild zu verändern, ist die Dankbarkeit. Wenn wir einfach mal für all die Dinge dankbar sind, die bis jetzt funktioniert haben, fällt uns ganz schön viel ein. Sie haben es in Ihrem Leben bis hierher geschafft, also muss einiges geklappt haben. So ein Fokus mag sich zunächst ungewohnt anfühlen, denn wir sind gesellschaftlich eher darauf konditioniert, das zu beachten, was wir noch nicht haben und was wir noch wollen.

Das ist aber ein Konzept, mit dem man maximal schnell das Selbstvertrauen unterminieren kann. Ein weiteres Konzept, das uns genauso zerknirscht, ist der Vergleich mit anderen Menschen. Diese beiden Konzepte in Kombination sind der beste Weg, das eigene Selbstvertrauen in den Keller zu schicken. Die Lebensfreude geht gleich mit. Wenn wir hingegen auf die Dinge schauen, die bisher für uns funktioniert haben, die wir geschafft haben, dann stärkt das unser Selbstbewusstsein. Wir fühlen uns optimistischer, denn uns ist bewusst: In der Vergangenheit haben wir viel geschafft. Was auch immer vor uns liegt, wird nun auch klappen. Machen Sie sich immer mal wieder bewusst, wie erfolgreich Sie bis jetzt schon waren.

Das gilt außerdem, wenn Sie nach gängigen gesellschaftlichen Maßstäben noch nicht so viel erreicht haben, vielleicht sogar einmal »abgestürzt« sind. Konzentrieren Sie sich auf die kleinen Dinge. Nehmen wir diesen Fall: Jemand ist langzeitarbeitslos und fühlt sich niedergeschlagen. Ist er heute aufgestanden? Super! Hat er sich geduscht und angezogen, obwohl er vielleicht den ganzen Tag keinen anderen Menschen sehen wird? Fantastisch! Hat er sich eine nahrhafte Mahlzeit zubereitet? Diese Bereiche seines Lebens hat er unter Kontrolle. Er hat etwas erreicht an diesem Tag.

Motivation beginnt wie eine Lawine, so, wie wenn man eine Schneekugel klein anrollt. Kleine Dinge machen uns stärker und geben uns Mut. Dann trauen wir uns mehr zu, das Selbstbewusstsein ist gestärkt. Sicher, es wird immer Dinge geben, die nicht funktionieren. Wir alle scheitern von Zeit zu Zeit, selbst die, die wir als die Erfolgreichsten wahrnehmen. Doch unsere Orientierung, unser Fixstern, das müssen die Dinge sein, die bisher funktioniert haben in unserem Leben. Selbstvertrauen können wir nicht herbeizaubern, wir können es also nicht aus dem Nichts erschaffen. Es basiert immer auf etwas Realem. Die Frage ist, ob wir uns unsere realen Erfolge ausreichend bewusst machen.

Manchmal vor einem großen Auftritt bin ich unheimlich nervös. Was für eine Riesenbühne, auf die ich gleich gehe. Doch dann halte ich kurz inne und sage mir selbst: »Moment mal, Florian. Du standest schon vor mehreren Tausend Leuten, du hast auch schon einmal in weniger Zeit eine Show perfekt auf die Bühne gebracht, du hast es sogar schon auf Englisch gemacht.« Wenn ich mir das vor Augen halte, weiß ich innerlich: Den Rest schaffe ich auch. Und ich weiß: In dem Moment, wo ich die neue Herausforderung bewältige, werde ich mich stärker fühlen als zuvor. Mit Fokus auf die Dinge, die geklappt haben, katapultieren wir uns nach vorn.

Wenn Sie jemanden von außen betrachten und glauben, dieser Mensch hätte irgendwann einfach einen Riesensprung gemacht, so steckt dahinter immer eine riesige Ansammlung kleiner Schritte, die aber konsequent durchgezogen wurden. Ich bin nicht von heute auf morgen dahingekommen, wo ich jetzt bin. Doch wenn etwas einmal nicht so gut geklappt hat wie erhofft, habe ich gleich gefragt: Woran hat es gelegen? So lernen wir aus unseren Fehlern, eine Art konstruktives Scheitern.

Um erfolgreich zu werden, müssen wir viele Dinge ausprobieren. Ein paar Volltreffer werden wir dabei landen, doch viele Lose sind eine Niete. Die schaut man an und macht dann weiter. Wenn Sie dann etwas gefunden haben, was funktioniert, dann gilt es, das bis zum Allerletzten zu nutzen. Stärken Sie die eigenen Stärken noch mehr. Fokussieren Sie sich auf das, was Ihnen Spaß macht, auf etwas, worin Sie gut sind. Investieren Sie nicht mehr Zeit als nötig in Dinge, die Sie nicht so gut können. Sie werden darin immer nur mittelmäßig werden. Durchstarten können wir nur, wenn wir uns auf die Dinge fokussieren, in denen wir wirklich toll sind. Stärken Sie Ihre Stärken, damit Sie zum Leuchtturm werden und nicht zum durchschnittlichen Reihenhaus.

In der Schule war es genau andersrum, nicht wahr? Da war es vor allem wichtig, schlechte Noten hochzuhieven, damit man nicht unter das Mittelmaß sank. In der Schule kommt jemand, der auf ganzer Linie Mittelmäßiges leistet, besser durch als jemand, der zwar ein Ass in einem Bereich ist, dem aber ein anderer Bereich so gar nicht liegt. Diese Erfahrung unserer Kindheit und Jugend prägt unser Denken. Für das Berufsleben ist das aber nutzlos. Im wahren Leben kommt es nur darauf an, in welchen Bereichen Sie eine Eins bekommen würden! Niemand ist reich geworden, weil er seine Schwächen abgebaut hat! Die Einstellung von der Schule haben viele so verinnerlicht, dass sie hauptsächlich auf die Bereiche achten, die sie nicht können, nicht haben und nicht verstehen. Herrlich, so ein Suhlen in der eigenen vermeintlichen Unzulänglichkeit. Wir können uns selbstmitleidig im Sessel zurücklehnen – kommen allerdings auf diese Weise auch nirgendwo hin.

Finden Sie Lösungen für Ihre Probleme. Beispiel: Sind Sie kein Genie bei der Steuererklärung? Dann gönnen Sie sich einen Steuerberater. Der wird den Job perfekt erledigen, und Sie haben mehr

Raum und Zeit, Ihre Stärken auszubauen und sich auf Ihren Erfolg zuzubewegen.

Vergleichen Sie sich nicht! Auf der Erde leben fast 7,7 Milliarden Menschen. Jeder einzelne von uns ist einzigartig. Jeder lebt sein eigenes Leben. Und das ist auch gut so! Orientieren Sie sich gern an Vorbildern, wohlwissend, dass es vor allem bestimmte Eigenschaften dieser Personen sind, von denen Sie sich inspirieren lassen wollen. Beginnen Sie, Ihr eigenes Leben zu leben. Das ist es, worauf es ankommt.

Dr. Robert Emmons von der University of California führte eine Studie durch, bei der jeder Teilnehmer eine von drei Aufgaben erledigen sollte: Eine Gruppe führte ein Tagebuch, in das sie jede Woche hineinschrieb, wofür sie dankbar war. Die zweite Gruppe notierte regelmäßig, was sie unter Druck setzte. Die dritte schilderte neutrale Ereignisse. Nach zehn Wochen fühlten sich die dankbaren Teilnehmer um 25 Prozent besser als die anderen.[1] Chinesische Forscher fanden zudem heraus, dass uns Dankbarkeit besser schlafen lässt und das Risiko für Angststörungen und Depressionen senkt.[2]

Jeder Tag ist ein Neuanfang. Dieses Bonmot beinhaltet so viel Wahrheit. Bloß weil der gestrige Tag oder ein Tag in der weit entfernten Vergangenheit suboptimal verlaufen ist, brauchen wir seine Schatten nicht mit hinüber in den heutigen Tag ziehen – oder gar noch weiter. Lassen Sie uns aus jedem Tag, den wir auf dieser Erde haben, das Beste machen! Fokussieren wir uns auf das Positive. Wenn wir uns nur auf die Dinge konzentrieren, die wir nicht haben oder die nicht gut laufen, dann schlucken genau diese Dinge unsere Energie.

Ich mache es andersrum: Am Ende eines Tages rufe ich mir immer ins Gedächtnis, was ich an diesem Tag geschafft habe, was mir Wunderbares widerfahren ist. Das macht mich glücklich und dankbar. Diese positive Grundstimmung lässt mich des Öfteren morgens dann gleich wieder mit neuen, kreativen Energien aufwachen, mit denen ich energiegeladen und glücklich in den Tag starte.

Trainieren Sie Ihre Dankbarkeit!

Früher waren es die abendlichen Gebete, wenn man sich bei Gott bedankte, die den Fokus auf das Gute im Leben lenkten. Finden Sie ein Abendritual, das zu Ihnen passt!

- Nehmen Sie beispielsweise ein leeres großes Marmeladenglas und stellen es auf Ihren Nachttisch. Legen Sie kleine Zettel und einen Stift bereit. Jeden Abend notieren Sie mindestens drei Dinge, wofür Sie dankbar sind, falten den Zettel und werfen ihn ins Glas. Schauen Sie dem Berg zu, wie er wächst. Für so vieles sind Sie dankbar!
- Sagen Sie Ihrem Partner oder guten Freunden jeden Tag, was Sie an ihnen schätzen. Die Chancen stehen gut, dass sie Ihnen ihre Wertschätzung ebenfalls aussprechen.
- Gehen Sie einen Schritt weiter, und bedanken Sie sich sogar bei fremden Menschen wie einem Kellner für den tollen Service. Sie werden schnell feststellen, dass man sich bei jedem Menschen für etwas bedanken kann. Sie werden überrascht sein, wie viel Energie dadurch in Ihr Leben kommt.
- Nutzen Sie die Zeit im Badezimmer, etwa beim Zähneputzen, um sich selbst anzuschauen, zu lächeln und zu sagen, was Sie heute besonders gut gemacht haben. Behandeln Sie sich wie Ihren besten Freund! Oder besser noch: wie einen Menschen, den Sie lieben.

Wählen Sie das Glück!

»Niemand weiß, was er kann, bevor er es versucht.«

Publilius Syrus, ca. 90–40 v. Chr.
römischer Moralist und Aphoristiker

Das Glück muss man wählen – und genau deshalb scheitern so viele daran. Denn eine Wahl zu treffen bedeutet auch, Entscheidungen zu treffen. Wer gibt da bei Ihnen den Ton an: Bauch oder Kopf? Bei mir ist es so: Ich verbinde meine Intuition mit einer Art rationaler Vorentscheidung, bei der ich mir Pro und Contra anschaue. Letztendlich entscheide ich aber doch emotional, intuitiv.

Es gibt einen beliebten Trick, um in einer Entscheidungssituation mit der Intuition in Kontakt zu kommen: Werfen Sie eine Münze! Sagen Sie sich: Bei Kopf mache ich dies, bei Zahl das. Decken Sie die Münze auf, und achten Sie auf Ihr Gefühl. Haben Sie sich gefreut, als Sie die Zahl aufgedeckt haben? Dann folgen Sie genau diesem Weg. Oder sind Sie enttäuscht, weil Sie eigentlich doch lieber Kopf gehabt hätten? Dann ist der damit verknüpfte Weg für Sie richtig.

Wir machen uns die Entscheidung keinesfalls leicht, wenn wir intuitiv entscheiden. Denn bis es so weit ist, hat das Gehirn ja schließlich Millionen und Abermillionen Informationen unterbewusst verarbeitet. Der amerikanische Intuitionsforscher Milton Fisher betont, dass es sich bei jeder Intuition um den Abruf von Informationen handelt, die uns unsere fünf Sinne irgendwann übermittelt haben.[3]

Ist es egoistisch, sein Glück zu suchen? Ich halte das für einen falschen Glaubenssatz, entstanden aus Manipulation. Menschen, die verlangen, man solle ihr Glück über das eigene stellen, sind die wahren Egoisten. Wenn Eltern oder Nachbarn oder sonst wer sagen, wir hätten uns auf eine bestimmte Weise zu verhalten, auch wenn es gegen unser Innerstes verstößt, dann mangelt es ihnen an Empathie. Wenn wir auf solche Forderungen einsteigen, dann werden wir quasi zum Zuschauer in unserem eigenen Leben – als ginge es gar nicht um uns selbst.

Glücklich sind wir dann, wenn wir unser Leben aktiv gestalten können – beispielsweise in unserem Arbeitsumfeld. Inzwischen ist dort vieles in Bewegung gekommen: mobiles Arbeiten, Homeoffice, Vertrauensarbeitszeit … Arbeit wird flexibler. Wer einmal in flexiblen Modellen arbeitet, möchte sie dann in der Regel auch nicht wieder missen. Die meisten Arbeitnehmer – nämlich vier von fünf – haben ihre flexiblen Modelle selbst gewählt.[4] Zumindest im internationalen Vergleich. Denn hier in Deutschland kleben wir noch deutlich öfter an unseren alten Modellen als beispielsweise die Inder, die jetzt schon zu fast 100 Prozent flexibel arbeiten.

»Was man aber gern macht, macht man gut.«

Prentice Mulford, 1834–1891
Journalist, Philosoph und Schriftsteller

Überwinden Sie den Hemmfaktor Angst!

Was nützt alles Wissen, wenn wir es nicht umsetzen? Angst hemmt viele Menschen, einen unbekannten Weg zu ihrem Ziel einzuschlagen. Doch das führt leider dazu, dass viele ihr Leben mehr oder minder vergeuden. Wir alle haben die Empfehlungen schon hundertmal gehört: »Beginnen Sie zu handeln« oder: »Wege entstehen dadurch, dass man sie geht« – ursprünglich ein Zitat von Franz Kafka. Doch Angst unterdrückt die vorwärtsgerichteten Impulse. Sie hält uns davon ab, uns das zu nehmen, was wir eigentlich gern hätten.

Viele großartige, talentierte Leute stellen ihr Licht immer wieder unter den Scheffel, weil sie Angst haben. Beispielsweise könnten sie auf der Bühne reihenweise das Publikum verzaubern, sie fühlen sich aber gehemmt, vor so vielen Leuten zu sprechen. Denken Sie daran: Die Angst vor der Angst ist größer als das, was maximal Schlimmes passieren kann. Fragen Sie sich: Was wäre denn der allerschlimmste Fall, der eintreten könnte? Vielleicht, dass die Leute Sie ausbuhen, faule Eier nach Ihnen werfen (sehr unwahrscheinlich)? Dass sie im Nachhinein sagen: Diese Person hat es echt nicht drauf?

Subjektiv betrachtet ist das eine unangenehme Situation. Aber in dem Moment, wo wir sie uns detailreich ausmalen, verliert die Angst auch schon ihren Schrecken. Angst fühlt sich vor allem deshalb so furchtbar an, weil sie so undefiniert daherkommt: ein komisches, mulmiges, schwarzes Gefühl, nicht greifbar, nichts Konkretes, wie eine schwarze Nebelwand. Damit wird sie zum mächtigen Schreckgespenst. Wenn Sie sich aber bewusst ausmalen, wie die Leute Sie auspfeifen und Sie trotzdem noch 15 Minuten weitermachen, dann merken Sie zwar, wie Sie dazu innere Kraftreserven aktivieren müssen. Es ist aber nichts, was Sie nicht bewältigen können. Im schlimmsten Fall gehen Sie von der Bühne und sagen sich: »Ja, das war Mist, aber ich lebe noch. Und nächstes Mal machen ich es eben ein bisschen anders.«

Was für die einen die Bühne ist, ist für andere das Büro oder der Besprechungsraum. Haben Sie eine tolle Idee, um die Abläufe auf der Arbeit zu optimieren? Haben Sie jedoch Angst, dass die anderen Sie in der Luft zerreißen werden, wenn Sie diese äußern? Wenden Sie die eben beschriebene Technik an, und bereichern Sie im Anschluss Ihr Team mit Ihren Einsichten.

Normale Furcht ist Ausdruck des gesunden Selbsterhaltungstriebs, beispielsweise wenn man ein Auto kommen hört und deshalb erst abwartet, bevor man die Straße überquert. Diese Angst schützt uns davor, überfahren zu werden. Sie ist aber nicht ständig aktiv, sondern nur genau in dem Moment, wo sie benötigt wird. Spätestens wenn Sie die Straße überquert haben, ist diese Furcht vergessen. Anders verhält es sich mit der ungesunden Furcht, die aus Fantasien resultiert, die außer Kontrolle geraten sind. In neurotischen Schleifen beschäftigen sich Betroffene immer wieder mit den schlimmsten Konsequenzen, ohne dass sie das Gefühl haben, etwas dagegen unternehmen oder sich wehren zu können. Diese ungesunde Angst blockiert das Glück. Wir können sie vor allem dann überwinden, wenn wir Liebe für jemanden spüren oder Leidenschaft für etwas, das wir gern tun möchten. Wenn wir aus Liebe und Leidenschaft handeln, werden wir automatisch zum Erfolg hingezogen. Denn diese zwei Zustände aktivieren in uns Kraftreserven, die wir sonst nicht kennen.

»Durch die Leidenschaften lebt der Mensch, durch die Vernunft existiert er bloß.«

Nicolas Chamfort, 1741–1794
Schriftsteller

Finden Sie Ihre Leidenschaft!

Sind Sie sich darüber im Klaren, was Sie erfüllt? Die Menschen, die es nicht sind, mögen oftmals nicht gern ein Risiko eingehen. Deshalb probieren sie nicht genügend Dinge aus, um wirklich das zu finden, was sie lieben. Dagegen hilft nur eins: Probieren Sie sich aus, immer und immer wieder!

- **Lernen Sie, wieder zu spielen!** Wenn Sie etwas ausprobieren, muss nichts Tolles dabei rauskommen. Kann es aber. Nämlich dann, wenn Sie lockerlassen.
- **Lassen Sie sich wie ein Kind von Dingen begeistern!** Ich probiere immer wieder neue Dinge aus, auf die ich Lust habe: Wakeboard fahren oder Surfen beispielsweise. Ich freue mich auf alles, was noch kommt. Nur wer spielt und ausprobiert, kann neue Talente an sich entdecken. Diese übertragen sich dann auch auf andere Situationen im Alltag. Das Surfen beispielsweise bedarf einer gewissen Konzentration und schnellen Anpassungsfähigkeit an veränderte Bedingungen. Das sind Qualitäten, die uns auch im Job weiterbringen.
- **Seien Sie optimistisch!** Wenn Sie zur Schwarzmalerei neigen, fragen Sie sich: Wie würde ein Kind jetzt die Situation sehen?

Setzen Sie Ihre Forderungen charmant durch!

Wenn ich früher eine Anfrage zu einem Auftritt bekam, war ich so charmant, wie ich nur sein konnte, gab aber einen knallharten Vertrag zur Unterschrift. Mittlerweile macht das meine Managerin Antje für mich.

Etwas einzufordern bedarf einer gewissen Portion Mut. Was mich vielleicht von zögerlicheren Menschen unterscheidet: Ich habe keine Angst vor Verlust. Ich weiß, ich mache eine tolle Show sowie inspirierende Vorträge, und ich habe die Fähigkeit, Menschen zu begeistern. Sollte es aus welchem Grund auch immer nicht mit diesem Auftrag klappen, kommt der nächste schon bald um die Ecke.

Viele haben Angst, Dinge einzufordern, weil sie sich irgendwie austauschbar fühlen. Sie denken: Wenn nicht ich den Job mache, dann macht ihn halt der nächste. Folglich versuchen sie, möglichst wenig Ärger zu machen, was in diesem Fall meist bedeutet: Möglichst wenig eigene Bedürfnisse anzumelden und die Bedingungen der anderen fraglos zu akzeptieren. Manche nennen sogar gleich von Anfang an eine eigentlich zu niedrige Gage. Tatsächlich haben diese Menschen eine schwächere Verhandlungsposition als andere, die schon etwas Entscheidendes in ihrem Leben geändert haben. Sie fühlen sich als Person austauschbar. Wenn Sie es aber schaffen, im Job zur Personenmarke zu werden, dann sind Sie nicht mehr austauschbar.

Das muss sich nicht nur auf Performer beziehen, die in den sozialen Medien Fans um sich scharen und dann auch noch Bücher schreiben. Auch in Ihrem ganz normalen Job im Büro oder im Supermarkt können Sie zur Personenmarke werden. Indem die anderen in Ihrem Team sich auf bestimmte Merkmale bei Ihnen verlassen können. Sie zaubern Kunden immer wieder ein Lächeln aufs Gesicht? Sie steuern neue Ideen bei, die den Laden besser laufen lassen? Stehen Sie aufrecht, tragen Sie Ihren Kopf gerade. Das ist Ihre Marke, Ihr Stil, der für die anderen unersetzlich ist. Geben Sie mehr als die anderen, und fordern Sie darum gleichzeitig auch mehr als die anderen! Es ist Ihr Leben!

Jeder von uns darf durchstarten. Dafür wurden wir geschaffen! Niemand ist dazu verpflichtet, sich selbst kleinzuhalten. Manche Leute fragen sich: Darf ich das überhaupt? Mich so in den Vordergrund, in den Mittelpunkt des Geschehens stellen? Die Frage »Darf ich das?« ist eine kindliche, an die Eltern gerichtete Frage. Vordergründig meinen Sie natürlich dabei den Betrieb und die anderen Leute, die dort arbeiten. Doch wenn Sie tiefer schauen, ist es eigentlich ein Dialog mit Ihren verinnerlichten Eltern. Waren diese eher restriktiv, haben sie öfter von Ihnen verlangt, sich ruhiger und unauffälliger zu verhalten? Kam der Hinweis, was die Nachbarn wohl denken könnten? Als erwachsene Menschen sind es nicht mehr unsere Eltern, die unhinterfragt bestimmen, wo die Reise hingeht.

Prüfen Sie, welche Ratschläge und Hinweise Ihrer Weiterentwicklung jetzt noch förderlich sind und welche Sie getrost ad acta legen können. Sie selbst sind jetzt die Person, die Ihnen Dinge erlaubt. Sie sind sogar die *einzige* Person, die für Ihren Erfolg und Ihre Zufriedenheit verantwortlich ist. Ja, die einzige!

Reißen Sie andere Menschen mit!

Haben Sie Angst, Ihre Meinung zu sagen, weil andere sie vielleicht nicht hören wollen? Dann stellen Sie sich die Frage: Möchten Sie wirklich allen Menschen gefallen?

Ich polarisiere gern ganz bewusst und bin mir dabei im Klaren darüber, dass manche sich aufgrund meiner stark vertretenen Meinung von mir abwenden werden. Wer aber bleibt, das sind Menschen mit einem ähnlichen Verständnis der Welt. Mit diesen Menschen gestaltet sich ein Austausch oftmals besonders bereichernd. Man bildet eine Gemeinschaft, durch die der langfristige Gewinn viel größer ist als der kurzfristige Verlust.

Wer für etwas steht, wer Ecken und Kanten hat, der wird in unserer reizüberfluteten Welt eher wahrgenommen. Ein Problem ist allerdings, dass intelligente, belesene Menschen oft zögern, Position zu beziehen. Dabei brauchen wir ihre Stimmen ganz besonders im gesellschaftlichen Diskurs. Intelligente Menschen beschäftigen sich oft sehr lange mit einem Sachverhalt, bevor sie sich öffentlich dazu äußern. Dabei betrachten sie ihn von jeder Perspektive, saugen immer wieder neue Studien mit unterschiedlichen Schlussfolgerungen auf. Am Ende sind sie dann an einem Punkt, wo sie den griechischen Philosophen Sokrates zitieren: »Ich weiß, dass ich nichts weiß.«

Währenddessen haben aber weniger reflektierte Gemüter schon laut in die Welt geschrien, was sie zu wissen glauben. Deshalb halte ich es für unendlich wichtig, dass auch feingeistige Menschen Position beziehen und diese öffentlich und vor allem zeitnah kundtun. Berufen Sie sich auf den aktuellen Stand der Kenntnis. Natürlich wird es immer wieder neue Erkenntnisse geben. Wir leben und gestalten unsere Welt aber im Hier und Jetzt. Geben Sie Ihre Ansichten preis, und unterstreichen Sie diese mit den einleitenden Worten: »Ich bin überzeugt, dass ...«

Überzeugung ist ein sehr machtvolles Instrument. Leider wird sie häufig missbraucht. Es gibt Politiker, die mit voller Überzeugung Unwahrheiten hinausposaunen und damit Anhänger um sich scharen, einfach weil sie so fest hinter ihren Worten stehen oder zu stehen scheinen. Wenn wir zögerlich kommunizieren, wirken wir auf andere lauwarm. Dann können unter Umständen andere die Leute eher mitreißen und auf eine ungünstige Bahn lenken. Unserer eigenen Stimme Gehör zu verschaffen, ist unsere demokratische Verpflichtung.

Aristoteles sagte, eine Rede funktioniere über Ethos, Pathos und Logos. Ethos bedeutet, dass wir hinter unseren Werten stehen müssen. Ich selbst arbeite nur mit Menschen zusammen, die meine Werte teilen. Beispielsweise würde ich nie für eine Partei auftreten, die andere über Angst manipuliert. Logos heißt im rhetorischen Zusammenhang, dass wir über das Wissen verfügen müssen, um unser Argument unterfüttern zu können. Pathos steht für die Leidenschaft in unseren Worten. Wenn jemand im Konjunktiv spricht, also:»Ich glaube, es könnte sein«, dann bricht die Verbindung zwischen dem Empfänger und dem Sender leicht ab. Die anderen Menschen hören diesem Redner nicht mehr zu.

Ersetzen Sie »Ich glaube« durch »Ich bin der festen Überzeugung«, wenn Sie öffentlich sprechen. Die Aussage ist im Grunde noch dieselbe, sie hat aber eine andere Wirkung: Sie wirken kompetent. So funktioniert Rhetorik, und die kann man trainieren.

Mir lag es lange Zeit überhaupt nicht, vor anderen Leuten zu sprechen. Ich erinnere mich an eine sehr peinliche Situation. Ich war 21, meine damalige Freundin war zwei Jahre älter und feierte gerade ihren Geburtstag mit vielen Freunden, die alle älter und reifer waren als ich. Plötzlich forderte mich einer von ihnen auf, eine Rede zu halten. Das erwischte mich eiskalt, ich brachte keinen einzigen sinnvollen Satz heraus und lief feuerrot an. Für mich war dieser Moment die Hölle.

Heutzutage halte ich Vorträge vor großem Publikum und möchte es nicht mehr missen. Was ist passiert? Bei der Zauberei, mit der ich im Alter von 24 Jahren begann, hatte ich so viel Spaß und Leidenschaft entwickelt, dass ich vergaß, über andere Dinge nachzudenken. Was die anderen wohl von mir halten könnten – dieser Gedanke fiel gewissermaßen bei mir vom Bildschirm, weil ich zu beschäftigt mit der Sache war. Später kam quasi als Nebenprodukt der Zauberkunst hinzu, dass man auf der Bühne Menschen lenkt und sein Publikum unterhält. Ich lernte durch das Vorbild anderer Mentalisten, mit Mimik, Gestik und Tonfall-Modulation die Aufmerksamkeit der Leute zu halten.

»Wähle einen Beruf, den du liebst, und du brauchst keinen Tag in deinem Leben mehr zu arbeiten.«

Konfuzius, 551–479 v. Chr.
Philosoph

Wenn wir Spaß an einer Sache empfinden, vergeht die Zeit wie im Flug. Zu Beginn meiner Selbstständigkeit habe ich mich intensiv mit der Suchmaschinenoptimierung für meine Website auseinandergesetzt. Ich saß bis spät in der Nacht am Schreibtisch, mein Kreuz tat weh, meine Augen brannten, aber ich war glücklich, ich war im Flow. Es gab keinen äußeren Druck, sämtliche Motivation kam von innen. Fachsprachlich nennt man das intrinsische Motivation. Sie lässt uns effizienter und kreativer werden. Alles scheint deutlich leichter von der Hand zu gehen. Man befindet sich im besten Sinne wie in einem Tunnel. Alles außenherum wird unscharf. Der Fokus liegt allein auf der Aufgabe, die so viel Spaß macht, mit entsprechend gutem Ergebnis.

Die intrinsische Motivation ist nur bedingt lenkbar und unabhängig von Anreizen wie einer Lohnerhöhung oder einem Firmenwagen. Die intrinsische Motivation ist ein Spiegel dessen, wie Sie sind, wie Sie sich selbst wahrnehmen und was Ihnen wirklich wichtig ist. Wenn Sie mit Ihrer intrinsischen Motivation gehen, brauchen Sie also nicht gegen sich selbst arbeiten. Aus »müssen« wird dann ein »Wollen«, das Hindernisse deutlich leichter überwindet. So steigt Ihre Leistungsfähigkeit, ohne dass die Aufgabe Sie zu sehr belastet – und das, obwohl Sie vielleicht mehr leisten, als Sie es sonst von sich kannten.

Statt mit Mühe und Widerstand geht es mit Elan und Spaß zum Ziel, wenn wir intrinsisch motiviert sind. Wir haben das Gefühl, tatsächlich zu leben, statt nur zu existieren. Und wenn wir uns einer Sache mit ganzem Herzen verschreiben, haben wir scheinbar schier unerschöpfliche Energiereserven. Gleichzeitig gewinnen wir durch Leidenschaft ganz schnell ein ganz klares Bild von dem, was wir wollen. Wenn Sie selbst leidenschaftlich leben, dann inspirieren Sie auch andere. Mit Ihrem sprühenden Charisma ziehen Sie dann andere in Ihren Bann. Mit Leidenschaft sind wir geistig beweglicher, wir probieren mehr aus, uns fällt mehr ein.

Fragen Sie sich: Was berührt Sie in Ihrem Inneren? Was finden Sie großartig, was regt Sie auf? Worüber reden Sie in Ihrer Freizeit? Haben Sie sich schon einmal ganz in einer Sache verloren, sodass Sie gar nicht merkten, wie die Zeit vorbeiging? Wann haben Sie sich so richtig glücklich gefühlt? Wofür lohnt es sich aus Ihrer Sicht zu kämpfen?

Jemand, der einfach nur berühmt werden will, handelt aus extrinsischen Motiven. Er gibt seine Macht an andere ab, die dann gewissermaßen über seinen Wert bestimmen sollen. Wenn das der einzige Grund für das Suchen nach Öffentlichkeit ist, kann das leicht seelische Verletzungen nach sich ziehen. Intrinsisch motiviert sind Menschen, die für eine Sache kämpfen. Sei es für den Umweltschutz, für Frauenrechte oder, wie bei mir, dafür, dass Menschen in ihre eigene Kraft kommen. Dann ist es zwar nützlich, eine große Plattform zu haben, um viele Menschen mit seinen Ideen zu erreichen, aber das entscheidet nicht über unseren Wert. Sollte ich irgendwann auf keiner Bühne mehr stehen, werde ich andere Wege finden, um Menschen für sich selbst zu begeistern und ihre Leidenschaft fürs Leben neu zu entfachen. Denn wenn man für etwas brennt, findet man immer einen Weg. Immer!

Wollen Sie etwas bei anderen Menschen entzünden, so muss es also zunächst in Ihnen selbst brennen. Wie das Licht einer Kerzenflamme kann es dann immer mehr entfachen, bis ein ganzer Raum hell erleuchtet ist. Wenn Sie andere Menschen emotional berühren, werden sie nicht so schnell vergessen, was Sie zu sagen hatten. Wenn Sie gleichzeitig leben, was Sie predigen, bieten Sie anderen ein tolles Vorbild, um es Ihnen gleichzutun – und dann ihren eigenen Weg zu finden.

»In dir muss brennen,
was du in anderen entzünden willst.«

Augustinus Aurelius, 354–430
Philosoph und Heiliger

Übernehmen Sie Verantwortung!

»Sei du selbst die Veränderung,
die du dir wünschst für diese Welt.«

Mahatma Gandhi, 1869–1948
Widerstandskämpfer, Revolutionär, Publizist, Morallehrer

Wer Dienst nach Vorschrift macht, empfindet keine Leidenschaft für seinen Job. Ist das nicht verschwendete Lebenszeit? Verschwendetes Potenzial? Der Gallup Engagement Index ist Deutschlands renommierteste und umfangreichste Studie zur Arbeitsplatzqualität. Diese ergab für 2018, dass über fünf Millionen Arbeitnehmer (14 Prozent) bereits innerlich gekündigt haben und keine Bindung zum Unternehmen besitzen. Drei von vier Beschäftigten machen lediglich Dienst nach Vorschrift (71 Prozent). Das ist die große Mehrheit! Nur 15 Prozent der Beschäftigten weisen hierzulande eine hohe emotionale Bindung an ihren Arbeitgeber auf und gehen ihrer Arbeit mit Hand, Herz und Verstand nach, schreibt Gallup.[5] Das ist dann der Fall, wenn Arbeitnehmer die Werte und Normen einer Organisation teilen und sich selbst deshalb als Teil von ihr verwirklicht sehen. Wenn Sie Montage hassen und sich viereinhalb Tage lang auf den Freitagnachmittag freuen, dann liegt es nicht an den Wochentagen. Es liegt daran, dass Sie nicht am richtigen Platz sind. Jemand, der am richtigen Ort ist, freut sich auf den Montag, weil er dann endlich weiter umsetzen kann, was in seinen Fingern kribbelt.

Eine Studie der Universität Yale zeigt: Leidenschaft fördert eine Karriere besser als die Aussicht auf Geld, Status und Macht.[6] Ich selbst habe zu Beginn meiner Selbstständigkeit voll auf Risiko gespielt, hatte null Kunden, null Umsatz und bin dennoch einfach ins kalte Wasser gesprungen. Dabei habe ich nie daran gezweifelt, dass es funktionieren wird – auch nicht, als die Zeiten hart waren. Als im Jahr 2013 mein kompletter Cashflow verbrannt war, musste ich mir 25.000 Euro leihen. Davon kamen 15.000 von Patrick Ott, meinem Mentor aus dem QX-Netzwerk. Meine Eltern und eine meiner Schwestern gaben weitere 10.000 dazu.

Ein Bekannter von mir lud mich zu einer sogenannten »Magic Dinner«-Serie ein, als ich gerade mit dem Mentalismus so weit war, dass ich ihn vorführen wollte. Ich nahm mir eine Woche Urlaub, der während meiner damaligen Zeit als Doktorand ohnehin knapp bemessen war. Als ich ankam, sagte mein Bekannter gleich am Flughafen, dass ich übrigens nicht fünf Auftritte, sondern nur drei hätte. Dann sollte ich auch noch den Flug selbst bezahlen. Zu den ersten drei Auftritten kamen extrem wenig Leute. Mir schoss durch den Kopf: »Ich kann mir nicht vorstellen, dass hierbei viel Geld herumkommt.« Zusätzlich hatte mein Bekannter auch noch Weine gekauft, die er weiterverkaufen wollte – nur, es war ja fast niemand da. Ich ging also auf ihn zu und machte ihm ein Angebot: Zahle mir einfach 333 Euro statt den vereinbarten 500 Euro pro Auftritt. Gib mir einen Tausender, dann sind wir quitt.

Doch darauf reagierte mein Bekannter nicht. Schließlich, ich war schon längst zurückgeflogen, rief ich ihn an: »Wo ist denn das Geld?« Plötzlich behauptete er, wir hätten vereinbart, das Risiko zu teilen. Das stimmte definitiv nicht. Er fuhr fort: Weil er 3000 Euro Minus gemacht hatte, würde ich ihm nun 1500 Euro schulden. Falls ich das anders sehe, könnte ich ja mit seinen Anwälten reden. Das war sein letztes Wort am Telefon, danach legte er auf. Ich fror regelrecht ein in meinem Labor in Regensburg und dachte mir: »Oh Gott, ich muss jetzt echt 1500 Euro bezahlen.« Ich war enttäuscht – und sauer, dass ich mich hatte hereinlegen lassen.

Mein Mentor Tobias beruhigte mich: Dieser Mann würde zwar Geld von mir fordern, wenn ich es aber nicht bezahlte, würde auch nichts weiter passieren. So war es dann auch. Meine Lektion hatte ich aber gelernt, immerhin hatte ich meinen Urlaub investiert, den Flug selbst gezahlt und kein Geld für die Auftritte bekommen. Was einen Moment lang hart war, war auf Dauer sehr lehrreich. Seither nehme ich keinen Auftrag mehr ohne Vertrag an. In diesem Vertrag steht auch, dass ich spätestens sieben Tage nach Unterschrift 25 Prozent der Gage bekomme. Die weiteren 75 Prozent sind zehn Tage vor Auftritt auf meinem Konto. Falls nicht, trete ich nicht auf – der Auftraggeber zahlt trotzdem.

Natürlich gibt es immer wieder Kunden, die sich dagegen sträuben. Dann sagt meine Managerin ganz nüchtern: »Bitte teilen Sie mir innerhalb der nächsten 24 Stunden mit, ob Sie es machen, ansonsten gebe ich den Termin wieder frei.« Plötzlich geht es dann doch, selbst bei den bekanntesten DAX-Unternehmen.

Man muss sich etwas trauen. Dass Auftraggeber infolge meiner Vertragsbedingungen einen Rückzieher machen, passiert auch – allerdings nur in weniger als einem Prozent der Fälle. Möglicherweise wären es genau diejenigen gewesen, bei denen man lange auf die Bezahlung hätte warten müssen. Im Job müssen wir verinnerlichen, dass wir keine Bittsteller sind. Wir bieten eine Leistung, zu unseren Bedingungen.

Um ein fester Verhandlungspartner zu sein, brauchen wir eine Vision im Kopf: Wie soll unsere Karriere aussehen? Visualisieren Sie, wie die tollsten Auftraggeber Sie um Termine bitten, obwohl Sie gleichzeitig Ihr Honorar jedes Jahr an Ihre Weiterentwicklung anpassen. Aufgrund dieser Basis argumentieren Sie. Der geniale Effekt: Am Ende kommt es genau so.

Bei mir ist es mittlerweile so, dass Leute um Termine kämpfen. In der Vorweihnachtszeit habe ich oft sieben bis acht Anfragen für das gleiche Datum. In Sachen Honorarforderung stelle ich fest, dass es zu 99 Prozent funktioniert, wenn man die Grenzen testet. Mein Argument: Ich gebe 100 Prozent auf der Bühne, also nehme ich auch ein hundertprozentiges Honorar.

Ein gutes Selbstvertrauen bringt gutes Geschäft. Wer nie etwas ausprobiert, weiß nicht, was möglich ist oder wie hoch die Erfolgs- oder Fehlerquote ist. Dann bringt man sich mit einem mies bezahlten Job um die Chance, einen besseren Job für dieselbe Zeitspanne anzunehmen. Von dieser Denke habe ich mich vor vielen Jahren verabschiedet. Sitzen Sie irgendwo fest, wo man Ihr bisheriges niedriges Selbstbewusstsein ausgenutzt hat, trennen Sie sich von Ihrem Auftrag- oder Arbeitgeber. Beginnen Sie irgendwo frisch und mit mehr Einkommen.

Im Wesentlichen geht es um Selbstvertrauen. Selbstvertrauen brauchen wir für alles. Für vernünftige Beziehungen, im Angestelltenverhältnis oder wenn wir ein eigenes Business gründen. Ohne Selbstvertrauen geraten wir an die falschen Menschen und lernen die Qualität, die unser Leben haben kann, gar nicht erst kennen.

Wer einen schlechten Selbstwert hat, glaubt vielleicht, er habe es nicht verdient, erfolgreich zu sein. Vielleicht glaubt er sogar, er habe es nicht verdient, erfolgreiche Beziehungen zu führen. Das alles basiert auf ungünstigen Glaubenssätzen, die man aber korrigieren kann. Oftmals sind wir ganz groß darin, Ausreden zu erfinden, warum dies oder jenes gerade nicht möglich sei. Nur um der Wahrheit nicht ins Auge blicken zu müssen. Je besser und genauer wir unsere Innenwelt kennen, desto klarer können wir einschätzen, woher bestimmte Reaktionen und Verhaltensweisen von uns gerade kommen. Und dann können wir entscheiden, ob wir uns wirklich von ihnen einsperren lassen wollen.

»Die größte Entscheidung deines Lebens liegt darin,
dass du dein Leben ändern kannst,
indem du deine Geisteshaltung änderst.«

Albert Schweitzer, 1875–1965
Arzt, Philosoph, Theologe, Musikwissenschaftler

Immer wieder treffe ich auf Menschen, die nach Umständen oder Personen suchen, die sie für die negativen Resultate in ihrem Leben verantwortlich machen können. Doch wenn wir anderen die Schuld für etwas geben, dann geben wir auch unsere Macht ab. Wollen Sie wirklich jemand anderem freiwillig die Macht über Ihr Leben geben? Noch dazu jemandem, den Sie offensichtlich nicht rundum schätzen?

Vermutlich nicht. Vor allem aber können wir nur wahren Erfolg und Erfüllung erreichen, wenn wir auch die volle Verantwortung für unser Leben übernehmen. Mit Sicherheit sind Sie nicht für alle Umstände in Ihrem Leben verantwortlich. Manche Menschen werden in wesentlich herausforderndere Situationen hineingeboren als andere. Doch wie die Fallbeispiele in diesem Buch zeigen, ist das kein Grund, um sich zurückzuhalten. Langfristig bestimmen Sie darüber, ob Sie Erfolg oder Misserfolg leben wollen. Nur Sie!

In gewisser Weise kann es sich demütigend anfühlen und uns viel Ehrlichkeit gegenüber uns selbst abverlangen, wenn wir erkennen, dass wir bisher hauptsächlich Vorgaben von außen hinterhergelaufen sind. Vorgaben, die mit unserer inneren Wahrheit nicht im Einklang stehen. Ich glaube, dass es eine maßgebliche Voraussetzung für eine friedliche und fortschrittliche Gesellschaft ist, mit der eigenen Wahrheit in Kontakt zu kommen und sie zu leben.

Bisher haben wir uns gesellschaftlich stark an externen Autoritäten festgehalten: Lehrer, Eltern, die Kirche, Vorgesetzte. Dieses System hat uns nicht nur von unserer eigenen inneren Wahrheit ferngehalten, es ist auch unzureichend, um die Probleme unserer Zeit zu lösen. Eben weil wir völlig neue, kreative Lösungen brauchen, auf die wir nur mithilfe unserer Intuition und unseres Unterbewusstseins kommen können.

Nach den Erkenntnissen des Entwicklungspsychologen Jean Piaget[7] ist es eine kindliche Entwicklungsstufe, wenn wir Verantwortung auslagern. Seiner Theorie zufolge verläuft die moralische Entwicklung des Menschen über mehrere Stufen: Ganz zu Beginn orientiert man sich an Gehorsam und Strafe; noch im Vorschulalter kommt ein pragmatisches »Wie du mir, so ich dir« hinzu. Auf der mittleren Entwicklungsstufe kommen die moralischen Erwartungen der anderen und das Gesetz hinzu. Laut Piaget verharren die meisten Menschen auf dieser Entwicklungsstufe. Nur fünf Prozent erreichen eine unabhängige ethische Ebene, auf der sie selbst entscheiden, was angemessen und richtig ist.

Wenn man sich hauptsächlich an den Erwartungen anderer orientiert, ist man zwar »pflegeleicht«. Wenn aber ein Großteil der Menschen das macht, dann haben auch Demagogen leichtes Spiel. Die Gräueltaten des Nationalsozialismus wurden nur dadurch möglich, dass nicht genug hinterfragt wurde. Heute, so hoffe ich, ist so etwas nicht mehr möglich, weil zu viel Dynamik im gesellschaftlichen Diskurs ist. Dennoch besteht die Frage: Treffen die gesellschaftlichen Konstrukte und Gerüste von früher die individuellen Bedürfnisse der Menschen von heute?

Wenn wir unserem eigenen Weg folgen, heißt das nicht, dass wir dabei nie falsch liegen werden. Aber eine gute Richtschnur bei der Suche nach dem Gesellschaftswohl ist unsere Empathie. Und die entsteht, wenn wir ein Gespür für uns selbst entwickeln. Ich war nicht immer clever und in Kontakt mit meiner Intuition. Auch Verantwortung musste ich erst lernen. Mein Vater hatte Geld angelegt für mein Studium, ich sollte mich voll darauf konzentrieren können. Währenddessen hätte ich also nicht arbeiten müssen. Doch ich glaubte, schnelle Geschäfte machen zu können. Es ging um einige gehypte Aktien aus dem Neuen Markt – mit vermeintlichen super Gewinnchancen. Hier war Gier im Spiel, die jegliche Intuition ausblendete. Meine Ratio schaltete ich ebenfalls aus. Und so kam es, dass ich das gesamte Ersparte, 15.000 Euro, in den Sand setzte. Um das auszugleichen, jobbte ich neben dem Studium. Beispielsweise zog ich mit anderen für eine bekannte deutsche Kräuterlikörmarke in orangen Kostümen von Bar zu Bar. Rückblickend gesehen war diese Promotion-Arbeit Gold wert. Denn dank ihr entwickelte ich meine Fähigkeit, auf andere Menschen zuzugehen, sie anzusprechen und sie zu begeistern.

Ich lernte auch, meine Ressourcen einzuteilen. Mir wurde klar: Geld fliegt einem nicht zu. Deshalb habe ich nie über meine Verhältnisse gelebt, leaste mein erstes Auto erst mit 30 und wohnte in einer extrem günstigen Wohnung. Zu diesem Zweck trat ich als Student kurz einer Studentenverbindung bei. Das passte allerdings überhaupt nicht zu mir, zumal es sich um eine schlagende Verbindung mit vielen Ritualen und Regeln handelte. Ich selbst brauche ja Freiraum, Flexibilität und individuelle Entfaltungsmöglichkeiten – für mich und andere. Ich bekam also Bauchweh, und so trat ich kurze Zeit später wieder aus dieser Verbindung aus. Es war eines der ersten Male, wo ich ganz klar spürte: Mein Bauch hat mir etwas zu sagen, und ich sollte mehr auf ihn hören.

KAPITEL 10

VERTRAUEN SIE SICH SELBST!

Wie verlässlich ist meine Intuition?

Nobody is perfect, auch nicht unsere Intuition. Ein typischer Fallstrick ist, dass wir vielleicht gar nicht genügend Informationen zur aktuellen Situation haben. Je mehr Hypothesen das Unterbewusstsein treffen muss, desto höher ist die Fehlerquote in seinen Berechnungen. Wir können auch der Illusion unterliegen, wir hätten verstanden, worum es geht – auch wenn das noch lange nicht der Fall ist. Wir können auch sogenannten Ankereffekten auf dem Leim gehen, wie sie beispielsweise im Marketing verwendet werden. Bestimmte Zahlenwerte suggerieren uns beispielsweise, dass etwas ein tolles Schnäppchen ist. Ganz ehrlich, wo greifen Sie eher zu: bei 1,99 Euro als Preis oder 2,10 Euro? Und das gilt auch für Leute, die elf Cent Unterschied nicht so doll im Portemonnaie spüren.

Doch trotz all dieser Imperfektion: Wenn Sie ein komisches Gefühl bei einer Sache haben, werten Sie das erst einmal als Warnsignal dafür, dass Sie vielleicht etwas übersehen haben. Das empfiehlt auch Andreas Glöckner, Professor für Psychologische Diagnostik, Urteilen und Entscheiden von der Universität Göttingen. Wir sollten dann versuchen, eben diesen Faktor ausfindig zu machen, und anschließend entscheiden, ob er von Bedeutung ist oder nicht. Oft sind es Dinge, die sich nicht so leicht in Worte fassen lassen, die dem Bewusstsein nicht sofort zugänglich sind.

Vielleicht sagt uns unsere Intuition eigentlich schon länger, dass eine bestimmte Änderung auf unserem Weg angebracht wäre. Aber warum Gewohnheiten ändern, wenn es doch gerade so gemütlich ist? Um irgendeine Form von Motivation zu spüren, müssen wir erst einmal einen erkennbaren Gewinn vor Augen haben. Bestenfalls ist der auch noch relativ sicher und bezieht sich direkt auf uns. Das erklärt auch gleich, warum es den meisten von uns so schwerfällt, unser klimaschädliches Verhalten zu ändern, obwohl wir alle den Zusammenhang von CO_2-Emissionen und steigenden globalen Temperaturen kennen. Aber der direkte, individuelle Lohn für die Mühe ist eben nicht leicht greifbar. Jedenfalls nicht so greifbar wie der schicke Urlaub in der Karibik. Hier muss ich mich auch selbst an die Nase fassen. Wer nicht aufhören mag zu fliegen, kann ja immerhin CO_2 bei speziellen Anbietern kompensieren, die aus einer kleinen Extrazahlung regenerative Energien in Entwicklungsländern fördern. Allerdings winkt denjenigen, die sich beispielsweise ums Klima bemühen, doch ein Lohn: die Anerkennung ihrer sozialen Gruppe. Und sozialer Gewinn wirkt meist nachhaltiger als materielle Belohnung.

Klar und greifbar sollte auch die Umsetzung sein, bevor die meisten sich trauen, sich auf den Weg zu machen.[1] Hier können Vorbilder eine große, positive Rolle spielen. Nur wenige Menschen sind zum Pionier geboren, doch sie können neue Wege finden und anderen zeigen, wie sie diese ebenfalls beschreiten. Außerdem kommen nur wenige Leute gegen heftige Widerstände an, wenn sie sich verändern wollen. Deshalb betone ich immer wieder, dass es gegebenenfalls notwendig sein wird, sich ein paar neue Freunde zu suchen, die Sie bei diesem Prozess eher beflügeln anstatt auszubremsen.

»Unzufriedenheit ist der erste Schritt zum Erfolg.«

Oscar Wilde, 1854–1900
Schriftsteller

Wie real sind Vorahnungen?

»Überall geht ein früheres Ahnen dem späteren Wissen voraus.«

Alexander von Humboldt, 1769–1859
Naturforscher

Der Designer Tobias van Schneider wuchs in den Bergen Österreichs auf. Um zum Schulbus zu kommen, musste er jeden Wochentag 500 Meter den Berg hinunterlaufen. Der junge Tobias hatte schon einige harte Winter gesehen, wie er im Onlinemagazin »Medium« berichtet:[2] Manchmal lag der Schnee zwei Meter hoch. Morgens, wenn es wieder einmal viel geschneit hatte, wurde seine Mutter telefonisch von der Schule und vom Büro des Bürgermeisters darüber informiert, ob an diesem Tag Lawinengefahr bestehe. Wenn dies der Fall war, musste er einen anderen Weg einschlagen als üblich. Eines Morgens lag wieder viel Schnee, doch der Bürgermeister ließ seiner Mutter mitteilen, dass keine Lawinengefahr bestehe. Also riet sie ihrem Sohn, er solle den normalen Weg gehen. Er fragte dreimal nach, doch sie blieb bei ihrer Aussage. Also leistete Tobias ihr zunächst Folge. Doch dann beschloss der Elfjährige, doch einen Umweg zu gehen – obwohl er bis dahin noch nie selbst gesehen hatte, wie etwas diesen Berg herunterrollte. Diese Entscheidung rettete sein Leben: Tobias kam unbehelligt in der Schule an, wo drei Stunden später seine Mutter aufgelöst anrief. Genau zu der Zeit, als Tobias auf dem Schulweg war, war nämlich die erste Lawine seit Jahren diesen Berg hinabgegangen.

Wir müssen lernen zu unterscheiden, wann wir auf andere hören und wann nicht. Letzten Endes sind sie nicht in genau derselben Situation wie wir und ihnen stehen nicht alle Informationen zur Verfügung, die wir für eine Entscheidung in einem solchen Moment, wie Tobias ihn erlebt hat, heranziehen. In derartigen Momenten kann es besser sein, alle anderen zu ignorieren. Hören Sie dennoch unbedingt anderen aufmerksam zu, denn ihnen stehen wiederum möglicherweise andere, weitergehende Informationen zur Verfügung als Ihnen. Was passieren kann, wenn wir anderen nicht ausreichend zuhören, zeigt die Geschichte von Calpurnia. Sie war die dritte und letzte Ehefrau von Julius Caesar.

Verschiedene alte Quellen berichten,[3] dass Calpurnia im März 44 v. Chr. eine Vorahnung hatte: Sie hatte geträumt, dass jemand versuchen würde, ihren Mann zu ermorden. Deshalb versuchte sie mehrfach vergeblich, ihn zu warnen. Caesar wiegelte ab und ließ sich vom Mitverschwörer Brutus direkt in die Hände seiner Feinde geleiten.[4]

Vorahnungen lassen sich rational so erklären: Unser Unterbewusstsein errechnet aufgrund der Summe seiner Eindrücke und seiner bisher gemachten Erfahrungen eine Wahrscheinlichkeit für das Eintreten einer Situation. Das kann eine Gefahrenlage oder auch eine schöne Entwicklung sein. Die Vorahnung hat also rein gar nichts mit einer magischen Glaskugel zu tun. Wir können sie auch nicht willentlich herbeiführen. Wenn wir uns tatsächlich einmal auf dem Jahrmarkt hinreißen lassen und uns zu einer Wahrsagerin ins Zelt setzen, ist diese bestenfalls eine gute Menschenkennerin, die aufgrund ganz vieler Eindrücke von uns (Kleidung, Haltung, Mimik, Stimme, Ehering etc.) eine Hypothese über unsere derzeitige Situation formuliert Aus dieser errechnet ihr Gehirn dann Wahrscheinlichkeiten für das Eintreten weiterer Situationen. Einige Menschen sind hierin wirklich talentiert, sodass es für Außenstehende so wirken kann, als wären übernatürliche Kräfte im Spiel. In Wahrheit handelt es sich um eine Art kühle Mathematik auf Basis einer gehörigen Portion Weisheit und Lebenserfahrung.

Wer sich zudem länger mit Psychologie beschäftigt, stellt fest, dass sich die meisten Menschen nach bestimmten Mustern verhalten – und genau das macht ihr künftiges Verhalten bis zu einem gewissen Grad vorhersehbar, wenn diese Muster nicht bewusst betrachtet und gegebenenfalls aufgelöst werden. Wenn wir uns später, wenn tatsächlich eine Vorhersage einer Wahrsagerin eintrifft (oder »fast eintrifft«, also etwa drei Kinder statt zwei), erinnern wir uns gern an diesen Treffer und verdrängen die Aussagen, die nicht eingetroffen sind. So entsteht der Glaube an etwas Magisches.

Nicht zu vergessen ist auch die sich selbst erfüllende Prophezeiung, die aus solchen Vorhersagen entstehen kann. Wenn wir überzeugt sind, dass wir Kinder bekommen werden, stellen wir eher die entsprechenden Weichen.

»Verlass dich ruhig auf deine Ahnungen. Sie beruhen gewöhnlich auf dicht unterhalb der Bewusstseinsschwelle registrierten Fakten.«

Joyce Brothers, 1927–2013
Psychologin, Fernsehmoderatorin und Kolumnistin

Mussie Weinfeld, Tochter des Rabbis Kalman Weinfeld, wollte 2015 nach dem Pessachfest von Israel nach Moskau fliegen. Doch noch vor dem Abflug hörte die 22-Jährige im Flieger merkwürdige Geräusche. Mussie war sofort davon überzeugt, dass etwas nicht stimmte, und teilte dies der Crew mit. Zunächst verwarf man ihre Argumente als Unsinn, aber Mussie blieb standhaft. 45 Minuten lang protestierte sie. Als das Flugzeug bereits zur Fahrbahn rollte, löste sie ihren Anschnallgurt wieder, stand auf und forderte eine Überprüfung des Flugzeugs. Mittlerweile teilten andere Passagiere ihre Sorge, einige von ihnen standen ebenfalls auf. Endlich gab die Crew nach. Der Mechaniker am Gate stellte einen Schaden fest, der ihn den Flieger als flugunfähig qualifizieren ließ. Die 200 Passagiere stiegen in einen anderen Flieger um. Mussie, die zuerst als lästig, stur und irrational wahrgenommen worden war, hat ihnen womöglich das Leben gerettet.[5] Die Version der Airline ist, dass die Instrumente des Fliegers einen Fehler gemeldet hatten und die Überprüfung deshalb erfolgte. Dass Mussie mit ihrer Intuition recht hatte, tut dies jedoch keinen Abbruch.[6]

»Der Instinkt diktiert die Pflicht, der Verstand aber liefert die Vorwände, um sich ihr zu entziehen.«

Marcel Proust, 1871–1922
Schriftsteller und Sozialkritiker

Folgen Sie Ihrem Instinkt!

*»Es wird immer jemanden geben,
der genau das sucht, was du geben kannst.«*

Paulo Coelho, *1947
Schriftsteller

Adam Werbach wurde im Alter von 23 Jahren der bisher jüngste Präsident der Umweltorganisation Sierra Club, der ältesten und größten Naturschutzorganisation der Vereinigten Staaten. Doch 2005 entschied er sich, eine Unternehmensberatung für den größten Einzelhändler der Welt, nämlich Walmart, zu gründen. Walmart hat 1,6 Millionen Angestellte und bedient wöchentlich allein in den USA 130 Millionen Kunden. Aus den eigenen Reihen wehte ihm eine steife Brise entgegen, galt die Politik bei Walmart unter Umweltschützern doch als genau das Gegenteil von all dem, wofür der Sierra Club stand.[7]

Die Kritik bezog sich unter anderem auf Lohndumping und prekäre Beschäftigungsverhältnisse sowie Umweltverschmutzung. Einige seiner ehemaligen Mitstreiter sahen in Werbach gar einen Verräter.[8] In einem offenen Brief schrieben zwei Aktivisten über den »Tod der Integrität. Wie Aktivist Adam Werbach seine Prinzipien verbannt hat«.

Nach einer Reihe plakativer Drohungen benötigte er sogar einen privaten Sicherheitsdienst. Dabei verfolgte Werbach ein kluges Ziel, das auf einer Linie mit seinen Werten lag. Er wollte Veränderungen von innen heraus herbeiführen, was ihm auch gelang. Walmart führte infolge seiner Beratung das sogenannte Personal Sustainability Project (PSP) ein, an dem sich 40 Prozent der Mitarbeiter beteiligten, indem sie sich nachhaltiger verhielten. Walmarts ökologischer Fußabdruck ist geschrumpft, zudem haben 12.000 Angestellte mit dem Rauchen aufgehört.

Werbach argumentiert, er habe durch die Arbeit bei Walmart eine größere Plattform erlangt, um von dort aus mehr Bewusstsein für Nachhaltigkeit zu wecken. Mittlerweile arbeitet er auch mit anderen

Konzernen wie Procter & Gamble, General Mills und Sony BMG zusammen.[9]

Die Intuition zeigt uns eine Vision auf, und dann beginnt mit Mut die Veränderung. Wenn andere sagen, wir seien verrückt, müssen wir manchmal auch gegen den Strom schwimmen. Das kostet Kraft, lohnt sich aber. Wer immer wieder bei sich selbst eincheckt, kann sich vergewissern, ob er auf dem richtigen Weg ist.

Sue Compton aus New Jersey war Sachbearbeiterin für Darlehen. 2010 schnitt sie wie gewohnt Gutscheine und Rabatt-Coupons aus, als sie eine Anzeige für einen Backwettbewerb sah, zu dem der US-amerikanische Lebensmittelhersteller Pillsbury aufrief. Sue kaufte einen ganzen Haufen Zutaten und verbrachte damit ein gemütliches Wochenende zu Hause. In diesem entspannten Zustand experimentierte sie herum, bis auf einmal ihr Rezept fast wie von allein entstand: Mini-Eiscreme-Keksbecher mit Schokolade, Walnüssen und gefrorener Himbeermarmelade. Ihr Rezept setzte sich beim Wettbewerb gegen 99 andere durch, Sue gewann eine Million Dollar und erlangte Berühmtheit durch ihren Auftritt in der Oprah-Winfrey-Show.[10]

Unsere Intuition fördert vor allem dann neue Gedanken und Ideen zutage, wenn wir in einer Art Offlinemodus sind, also nicht angestrengt über eine bestimmte Frage nachdenken, sondern uns dem Tagesgeschehen hingeben und gegebenenfalls auch mit ganz anderen Dingen beschäftigen. In solchen Momenten arbeitet unser Unterbewusstsein nämlich weiter – und präsentiert uns das Resultat als Geistesblitz, beispielsweise unter der Dusche oder während wir den Abwasch machen.

Der bewusste Verstand wird deshalb – wie Einstein sagte – zum treuen Diener der Intuition, weil er uns mittels Konzentration dabei hilft umzusetzen, was unsere Intuition schon als Ziel vorgegeben hat. Wenn wir wissen, wohin wir wollen, können wir unseren gesamten Fokus darauf legen. So ergänzen sich Intuition und Konzentration perfekt. Je ausgewogener und integrierter wir diese beiden Komponenten nutzen, desto bessere Resultate werden wir dauerhaft erzielen.

»Der Verstand spielt auf dem Weg der Entdeckung nur eine untergeordnete Rolle. Es findet ein Sprung im Bewusstsein statt, nennen Sie es Intuition oder was Sie wollen, und die Lösung kommt zu Ihnen, und Sie wissen nicht, wie und warum.«

Albert Einstein, 1879–1955
Physiker

Werden Sie »verrückt«, und behalten Sie die Nerven!

Wandel hat zu allen Zeiten stattgefunden. Und zu allen Zeiten gab es Menschen, die mit ihren Gedanken schon weit in der Zukunft waren – und solche, die sich mit aller Macht an die Vergangenheit krallten. Das war auch im 19. Jahrhundert so.

Während die Medizin einen heute legendären Ignaz Semmelweis (1818–1865) ob seiner Ideen zur Hygiene in seinem Krankenhaus verlachte, trotz all seiner Erfolge, startete einige Tausend Kilometer weiter ein gewisser Henry Ford (1863–1947) mit seiner Idee der Motorkutsche durch. Nicht Pferde sah er als Zukunft der Mobilität, sondern knatternde Blechgestelle. Lange tüftelte und schraubte er, bis 1897 das erste Ford'sche Gefährt über eine buckelige Straße knatterte. Wäre es nach seinem Chef, dem Erfinder Thomas Alva Edison (1847–1931), gegangen, wäre es bei diesem einen Gefährt geblieben. Ford aber wollte mehr – und die Menschen waren bereit für diese Veränderung. Die ersten Autos rollten vom Band. Nur 30 Jahre nach der ersten holprigen Spritztour hatte Ford bereits mehr als 15 Millionen Stück seiner berühmten »Tin Lizzy« verkauft. Heute wäre eine Gesellschaft ohne Automobilität gar nicht mehr denkbar. Damals aber war seine Idee eine Revolution, geboren aus dem Willen zum Wandel.

Henry Ford war allerdings nicht nur ein besonders innovativer, sondern auch ein empathischer Mensch. Denn ganz geradlinig waren sein Erfolg und die Absatzkurve seines Produkts nicht. 1914 sah

Ford sich einer sinkenden Nachfrage und einer hohen Arbeiterfluktuation gegenüber. Also tat er etwas, das andere Industriebarone und die Presse schockierte. Entgegen aller Ratschläge verdoppelte er die Löhne seiner Angestellten. Mit über fünf Dollar pro Tag verdienten sie plötzlich mehr als doppelt so viel wie andere in der Branche.[11] Noch dazu reduzierte Ford ihre Arbeitszeit von neun Stunden täglich – damals Standard – auf acht Stunden am Tag. Ford war nämlich klar geworden, dass die Belastung und Monotonie am Fließband nur schwer neun Stunden am Stück zu ertragen ist.

Infolge dieser Maßnahmen verdoppelte sich die Produktivität binnen eines Jahres beinahe, und die Nachfrage nach Ford-Autos boomte – weil seine eigenen Mitarbeiter sich nun das Produkt, das sie herstellten, auch leisten konnten.[12] Ford hatte sich gegen die scheinbaren Fakten für seine Intuition entschieden und damit gewonnen.

»Das Geheimnis des Erfolges ist,
den Standpunkt des anderen zu verstehen.«

Henry Ford, 1863–1947
Gründer des Automobilherstellers Ford Motor Company

Kennen Sie das? Haben Sie vielleicht auch schon einmal eine Idee gehabt, die anderen vollkommen verrückt erschien? Von der Sie aber überzeugt waren, weil Ihr Bauchgefühl Ihnen ganz klar signalisierte, dass dies der richtige Weg sein würde? Bitte verwerfen Sie Ihre Ideen künftig nicht mehr gleich, bloß weil andere ihnen noch nicht folgen können. Manchmal brauchen wir selbst einen Moment, bis der Verstand in Worte fassen kann, was unser Unterbewusstsein schon längst weiß. Geben Sie sich die Zeit. Es waren vielfach die scheinbar verrücktesten Ideen, die die Welt verändert und unser Leben maßgeblich erleichtert und bereichert haben.

Auch Bill Allen (1900–1985), der CEO von Boeing, hatte eine scheinbar verrückte Idee. In den 1950er-Jahren, als das Unternehmen noch ausschließlich Pläne für die Verteidigungsindustrie machte, hatte

Allen eine Vision: Er würde einen kommerziellen Jet bauen, der bald eine boomende Industrie nach sich ziehen würde: den zivilen Flugverkehr.

Bill war sich seiner Intuition so sicher, dass er auf die Zukunft von Boeing wettete. Tatsächlich gelang es ihm, den Vorstand zu überzeugen. Boeing riskierte 1952 15 Millionen Dollar für den Prototypen eines neuen transkontinentalen Passagierflugzeugs, die 707, wohlwissend, dass die Produktion viele weitere Millionen Dollar kosten würde.[13] Die Firma hätte bankrott gehen können. Stattdessen revolutionierte sie die Luftfahrt und ermöglicht uns heute ein vielfältiges und spannendes Leben.[14] Manchmal braucht es eben auch gute Nerven, um seiner Intuition zu folgen.

Bleiben Sie dran!

»Unsere größte Schwäche liegt im Aufgeben. Der sichere Weg zum Erfolg ist immer, es doch noch einmal zu versuchen.«

Thomas Alva Edison, 1847–1931
Erfinder und Unternehmer

Den Schauspieler Alan Rickman kennen Sie mit Sicherheit, nur wahrscheinlich eher unter dem Namen seiner berühmtesten Rolle als ambivalent-gruseliger und schließlich doch netter Severus Snape in den Harry-Potter-Filmen. Alan Rickman träumte schon zu Teenagerzeiten vom Schauspielern, doch zunächst schien ihm ein Kunststudium vernünftiger. Danach arbeitete er als Grafiker, aber die Sehnsucht, schauspielern zu wollen, ließ ihn nicht los.

Entgegen aller Logik ließ er das Grafikdesignstudio, das er mit Freunden gegründet hatte, fallen, um professioneller Schauspieler zu werden. Doch bis es so weit war, musste er sich erst einmal als Helfer verdingen. Lange Zeit verdiente er als sogenannter »Dresser«, also als Ankleider und Kostümpfleger für andere Schauspieler, sein Geld. Dann endlich sein erster Durchbruch: Für das Stück »Les liaisons dangereuses« wurde er als einer der Hauptdarsteller gecastet. Das Stück wurde ein Hit, doch Alan wurde durch einen anderen Schauspieler ersetzt. Das sollte ihn nicht davon abhalten weiterzumachen. Seine Leidenschaft verlieh ihm die nötige Ausdauer, um sich um weitere Rollen zu bemühen. Im Alter von 42 Jahren bekam er schließlich den Lohn für seine Mühen: die Rolle als Harry Potters Professor Severus Snape, eine der eindringlichsten Figuren in den Filmen.[15]

Erfolg kommt nicht über Nacht, obwohl es uns in den Medien manchmal so erscheint. Doch die Menschen, die dort gefeiert werden, haben oft einen langen Weg voller persönlicher Hürden und Stolpersteine hinter sich. Dank ihrer Leidenschaft haben sie durchgehalten und sind weitergegangen. Es ist die Leidenschaft, die uns zu Größerem befähigt, als wir es für möglich gehalten hätten. Auch wenn wir uns anstrengen müssen, fühlt es sich erfüllend an, wenn wir unserer gefühlten Berufung folgen.

Snapes-Erfinderin, Joanne Kathleen (J. K.) Rowling stürzte in eine Depression, als ihre Mutter 1990 im Alter von nur 45 Jahren an Multipler Sklerose verstarb. Im März 1992 lernte sie einen Mann kennen, den sie nur ein halbes Jahr später heiratete. Nachdem 1993 ihre Tochter geboren worden war, trennten sich die Eheleute wieder. J. K. Rowling war nun alleinerziehend und lebte von Sozialhilfe. In dieser Zeit schrieb sie den ersten Harry-Potter-Band, der 1995 fertig wurde.

Als sie ihr Manuskript einschickte, lehnten es zwölf Verlage ab. Zwölf Verlage, die sich heute vermutlich ziemlich über sich selbst ärgern. 1996 konnte sie schließlich beim Verlag Bloomsbury Publishing landen. Die achtjährige Tochter des Verlegers hatte das Buch gelesen. Der Rest ist Geschichte. Rowling gehört zu den erfolgreichsten Bestsellerautoren aller Zeiten. Allein der Bücherverkauf von Harry Potter erzielte 400 Millionen Dollar, hinzu kamen Filmrechte und vieles mehr, was insgesamt zu einem Vermögen von 20 Milliarden Dollar geführt haben soll.[16] [17] Mittlerweile hat Rowling große Summen wohltätigen

Zwecken zukommen lassen. Nichtsdestotrotz gehört sie zu den einflussreichsten Prominenten unserer Zeit.[18]

Lassen Sie sich nicht entmutigen, wenn andere nicht gleich den Wert dessen, was sie zu bieten haben, erkennen können. Dadurch, dass Rowling an ihrer Vision festhielt, konnte sie auch die Rückschläge wegstecken. Stellen Sie sich einmal vor, was uns allen entgangen wäre, wenn sie auch nur ein kleines bisschen weniger hartnäckig gewesen wäre.

Ihre Bücher wurden mittlerweile in 73 Sprachen übersetzt und millionenfach verkauft. Sie selbst sagt: »Zu versagen bedeutete, sich von allem zu lösen, was nicht essenziell war. Ich hörte auf, mir selbst vorzumachen, dass ich irgendetwas anderes war als das, was ich eben war. So begann ich, all meine Energie in die Fertigstellung des einzigen Projekts zu stecken, das für mich von Bedeutung war.«

»Nach jedem gängigen Maßstab war ich die größte Versagerin, die ich kannte.«

J. K. Rowling, *1965
Schriftstellerin

Rowlings Geschichte erinnert an Walt Disney. Der wurde in seinen frühen Zwanzigern von der Zeitung Kansas City Star gefeuert, weil »es ihm an Vorstellungskraft mangelte und er keine guten Ideen hatte«. 1922 gründete Disney das Laugh-O-Gram-Studio, das ein Jahr später pleiteging. Er stand kurz vor dem Bankrott, als 1937 sein erster großer Zeichentrickfilm »Schneewittchen und die sieben Zwerge« veröffentlicht wurde. Entgegen aller Unkenrufe und widriger Umstände glaubte er an sich.

Heute hat Disneys Imperium uns mittlerweile 57 allseits heißgeliebte Zeichentrickfilme beschert – Walt Disneys Meisterwerke, wie die Firma sie selbst nennt. Hinzu kommen unzählige herzerwärmende Realverfilmungen der Geschichten. Was, wenn Walt Disney den Leuten Glauben geschenkt hätte, die ihn als »unkreativ« abgestempelt hatten? Die Abende unserer Kindheit hätten wohl anders ausgesehen.[19]

Hat Ihnen auch schon einmal jemand gesagt, dass Sie etwas gar nicht können? Und Sie waren irritiert, weil Sie es mit Freude und Leidenschaft machen und eigentlich auch schon ganz gut fanden, was dabei herauskam? Vielleicht haben Sie früher gern gesungen, und jemand sagte, dass er oder sie Ihre Stimme nicht mag. Oder Sie haben gemalt und ernteten herabsetzende Kritik oder Unverständnis für Ihre Werke.

Das ist ein bisschen, als hätte jemand einen Eimer Wasser über Ihr inneres Feuer geleert. Vor allem in jungen Jahren gelingt es anderen schnell, uns den Wind aus den Segeln zu nehmen. Erinnern Sie sich doch mal zurück: Was ist auf der Strecke geblieben, was Sie früher geliebt haben? Probieren Sie sich in diesem Bereich nur zum Spaß mal wieder aus. Sie können das Feuer neu entfachen. Heute, wo Sie viel weiter und fester im Leben stehen, kann Ihnen keiner mehr so schnell die Lust an dem nehmen, was doch zu Ihnen gehört. Das gilt auch für den Fall, dass nicht alles sofort perfekt klappt, was Sie sich vornehmen.

Glühbirnenerfinder Thomas Edison hatte recht: Im Aufgeben liegt unsere größte Schwäche. Der sicherste Weg zum Erfolg ist es hingegen, es noch mal zu versuchen. Auf Englisch gibt es den Ausdruck »Fail Forward«. Immer wenn wir auf die Nase fallen, lernen wir etwas darüber, wie es nicht geht. Das macht uns klüger und zielsicherer. Ja, manchmal müssen wir nach dem Ausschlussprinzip erst ganz viel ausprobieren, vor allem wenn wir uns auf völlig neues Terrain begeben. Aber genau so lernen kleine Kinder das Laufen. Die bleiben auch nicht sitzen, wenn sie einmal auf ihren Windelpopo gefallen sind. Sonst wäre aus der Menschheit nicht viel geworden.

Es ist zudem völlig normal, dass wir Schwächen haben und hin und wieder von anderen darauf aufmerksam gemacht werden. Dann können wir diese Information betrachten: Ist sie konstruktiv, kann ich daraus etwas lernen? Wunderbar, bedanken Sie sich! Ist es aber einfach nur eine destruktive Äußerung eines missgelaunten Geistes, dann ziehen Sie mental Ihren Regenmantel an, und lassen Sie das Gesagte an sich abperlen!

Aber geben Sie Ihren Traum um Himmels willen nicht auf, bloß weil es beim ersten Anlauf nicht gleich geklappt hat! Seien Sie J. K.

Werden Sie immer besser!

Verborgene Talente können unsere größten Stärken werden, denn oftmals wurden sie einfach nur unterdrückt. Haben Sie früher gern gesungen, aber ein unmusikalisches Familienmitglied fuhr Sie immer wieder unwirsch an? Schade, wenn Sie deshalb mit Ihrem Talent nicht diejenigen bereichern, die es zu schätzen wissen. Natürlich muss das, was lange ungenutzt dagelegen hat, neu aufgepäppelt werden. Üben Sie also!

- **Suchen Sie sich Menschen, die etwas von dem verstehen, was Sie tun wollen!** Die geben konstruktive Kritik, die Sie weiterbringt. Beispiel: Sie möchten gern YouTube-Videos produzieren und selbst schneiden? Leute, die keine Ahnung haben, werden Ihre ersten Gehversuche folgendermaßen kommentieren: »Das Video ist schlecht/doof/langweilig.« Leute, die etwas vom Videomachen verstehen, werden hingegen sagen: »Versuche mal, die Schnitte etwas anders zu setzen, in etwa so, denn dann wird ein spannender Effekt erzeugt.« Sehen Sie, was ich meine?
- **Legen Sie falsche Bescheidenheit ab!** Bleiben wir beim Beispiel des Singens. Haben Sie das Gefühl, Sie dürften andere nicht mit Ihrem Auftritt »belästigen«? Aber gleichzeitig haben Sie schon oft stundenlang Trost und Aufmunterung bekommen, indem Sie den Liedern anderer gelauscht haben? Denken Sie daran: Bei unseren Talenten geht es nicht nur um uns, sondern darum, dass wir die Welt damit beschenken.
- **Machen Sie sich keinen Druck!** Lassen Sie die Dinge eine Weile einfach mal laufen. Das, was wirklich in Ihrem Inneren angelegt ist, wird nach vorn drängen, wenn Sie es lassen. Es wird Sie antreiben, Sie werden es immer wieder tun und so automatisch immer besser werden. Mit der Zeit entwickeln Sie dann auch einen eigenen unverwechselbaren Stil. Egal was Sie tun.

Rowling oder Walt Disney, und beschenken Sie die Welt mit Ihrem einzigartigen Talent und Ihrer Persönlichkeit. Seien Sie nicht jemand, von dem Sie noch nie gehört haben, weil diese Person sich hat ins Bockshorn jagen lassen und einfach zu schnell aufgegeben hat.

Nicht für jedes Hindernis gibt es augenblicklich eine Lösung. Aber wenn wir kompliziertere Probleme lösen, kommen wir massiv voran: in dieser Sache und in unserer persönlichen Weiterentwicklung. Das bedeutet, wir werden immer besser. Genau hiervon profitieren dann auch unsere Mitmenschen. Und genau aus diesem Grund »dürfen« wir nicht aufgeben, wenn wir unseren Träumen folgen!

Spielen Sie mehr!

»Es gibt nichts Größeres,
was wir mit unserem Leben und unserer Arbeit
tun können, als unseren Leidenschaften in einer Art und
Weise zu folgen, die der Welt und uns selbst dient.«

Richard Branson, *1950
Unternehmer und Philanthrop

Sir Richard Branson ist britischer Unternehmer und ein Self-made-Milliardär (rund fünf Milliarden Dollar).[20] Er gründete 1972 Virgin Records, zunächst ein Schallplattenunternehmen. Heute besteht die Virgin-Gruppe aus mehr als 400 Unternehmen, zu denen unter anderem die Airline Virgin Atlantic und seit 2004 auch die Raumfahrtgesellschaft Virgin Galactic gehören. Zudem setzt sich der Philanthrop viel für wohltätige Zwecke ein.

Richard Branson fällt vor allem durch seine verspielte Art auf, mit der er den Alltag genießt und sich selbst bisweilen in lustigen Kostümen auf die Schippe nimmt. Eine fast kindliche Neugier lässt ihn immer wieder Neues entdecken und neue Ideen haben. Ähnlich wie

Kinder im Vorschulalter stellt er vor allem eine Frage besonders gern: »Warum?«[21] Der Grund, weshalb viele von uns nicht so kreativ sind wie Richard: Wir haben den Kontakt zu unserem inneren Kind verloren.

Das innere Kind weiß am besten, was gut für uns ist. Denn es ist am stärksten mit unserer Intuition verbunden. Oftmals hat es sich aber gleichsam in unserem inneren Wohnzimmer hinter dem Sofa versteckt, weil wir nie Zeit für es haben oder es immer wieder disziplinieren. Wir können es hervorlocken, indem wir Dinge tun, an denen wir Freude haben: lachen, entdecken, die Verbundenheit mit anderen Menschen spüren.

Tun Sie regelmäßig Dinge nur aus Spaß an der Freude, ohne ein bestimmtes Ziel oder Leistungsdruck! Einfach nur, damit Ihr inneres Kind aktiv wird und mit Ihnen redet. Das kann auch bei der Arbeit sehr wertvoll sein. Richard Bransons Tipp: »Fühlen Sie Ihre Emotionen auf der Arbeit. Ihre Instinkte und Ihre Emotionen sind dazu da, um Ihnen zu helfen.«

Unser inneres Kind hat allerdings manchmal eine ganz andere Meinung davon, wie die Dinge laufen sollten, als unsere erwachsenen Anteile. Je nach Situation müssen wir entscheiden, wer gerade das Sagen hat. Dazu ist Hintergrundwissen hilfreich. So fallen beispielsweise spontane Entscheidungen tendenziell großzügiger aus als länger durchdachte. Das zeigt eine Reihe von Studienauswertungen der Harvard University mit 2000 Teilnehmern. Je länger sie nachdachten, desto eigennütziger verhielten sie sich.[22] Im Experiment ging es darum, dass die Teilnehmer in Kleingruppen Geld in einen Gemeinschaftstopf werfen sollten. Am Ende würde der Spielleiter den Gesamtbetrag verdoppeln und an alle Teilnehmer in gleicher Höhe auszahlen. Dabei ging es um Minimalbeträge: Jedem Spieler standen insgesamt 50 Cent zur Verfügung. Es zeigte sich: Wer weniger als zehn Sekunden nachdachte, warf rund 66 Prozent seines Guthabens in den Topf. Wer länger zögerte, gab nur 53 Prozent ab. Woran kann das liegen? Nun, das intuitive Denken scheint manchmal andere Prioritäten zu haben als der bewusste Verstand. Denn für unser Ur-Denken ist hohes soziales

Ansehen besonders wichtig – und das stieg zu Zeiten der Jäger und Sammler wohl eher durch das Teilen als durch das Horten von Ressourcen. Unser erster Impuls ist also eher kooperativ – und wir müssen uns bewusst bremsen, falls wir nicht so viel abgeben wollen.

Haben Sie Mut!

»Den größten Fehler, den man im Leben machen kann, ist, immer Angst zu haben, einen Fehler zu machen.«

Dietrich Bonhoeffer, 1906–1945
Lutherischer Theologe

Je länger wir in einem Angstzustand verharren, desto mehr kann er sich verfestigen. Gleichzeitig machen wir uns so einen enormen Druck: den Druck, möglicherweise etwas Falsches zu sagen, etwas Falsches zu schreiben und generell etwas Falsches zu machen. Durch unsere Fehler lernen wir am schnellsten, deshalb sollten wir sie lieben!

Mit jedem Fehler, den wir überwinden, steigern wir unsere Bewältigungskompetenz. Irgendwann, wenn man nur genug Fehler im Leben gemacht hat, denkt man sich: »Mit dem Rest werde ich jetzt auch noch fertig.« Das führt zu Selbstvertrauen, und je mehr Selbstvertrauen wir besitzen, desto mutiger handeln wir in allen Lebenssituationen.

Gleichzeitig steigern wir so unsere Chance, außergewöhnlich tolle Dinge zu erleben und mehr Erfolge zu feiern. Rufen Sie sich also all das in Erinnerung, was Sie in Ihrem Leben schon erreicht haben. Führen Sie ein Erfolgsjournal, in dem Sie Ihre tollen Momente festhalten. So bringen Sie sich selbst dazu, positiv zu fokussieren, und stellen gleichzeitig erstaunt fest, wie viel Sie eigentlich können, über das Sie normalerweise vielleicht hinwegsehen.

Umgeben Sie sich außerdem mit selbstbewussten, mutigen Menschen. Sie geben Ihnen den nötigen Schwung und die Inspiration, um

Ihr Leben selbst in die Hand zu nehmen. Erfolgreiche, selbstsichere Menschen halten andere nicht zurück, sondern schaffen Wind unter ihren Flügeln. Wenn Sie sich mit positiven Menschen umgeben, haben Sie gleich ein ganzes Cheerleaderteam, das Sie anfeuert. Das ist Gold wert.

Der Arbeitsmarkt verändert sich, wird fluider. Statt Festverträgen fürs Leben gibt es in vielen Branchen immer mehr befristete Verträge. Wir müssen flexibel sein, immer ein Auge auf andere Optionen halten. Das gilt für Arbeitnehmer genauso wie für Selbstständige. Gerade unter der Prämisse, dass nichts mehr sicher ist, bietet der Job mit den meisten persönlichen Entwicklungsmöglichkeiten die besten Chancen. Vielleicht verdienen Sie ein bisschen weniger, als Sie in einer anderen Position könnten, aber Sie können sich umfassend weiterbilden. Je nach Lebenssituation und -phase werden Sie Ihre Prioritäten unterschiedlich setzen.

Prof. Gerd Gigerenzer hält die Risikokompetenz in unserer modernen Welt für ebenso wichtig wie das Lesen und Schreiben, verriet er in einem Interview mit ZEIT ONLINE. Deshalb sollte sie seiner Meinung nach als Schulfach gelehrt werden. Zudem habe er in verschiedenen Dax-notierten Unternehmen Manager gefragt, wie oft sie aus dem Bauch heraus entscheiden. Es gab keinen, der »Nie« gesagt hatte. Drei Viertel der Spitzenmanager eines Autoherstellers sagten sogar, dass sie ihre Entscheidungen meistens intuitiv treffen würden. Je höher sie in der Hierarchie stehen, desto mehr verlassen sie sich auf ihre Intuition. Das können sie sich auch erlauben, denn ihre Intuition ist alles andere als Willkür. Aber während Musikern oder Fußballern die Intuition durchaus zugestanden wird, herrschen im Büro immer noch Vorurteile gegen das Bauchgefühl. Gerade in Deutschland gibt es eine ausgeprägte Absicherungskultur, kritisiert Gigerenzer. Er sagt: »In den USA gilt jemand, der mit seinem Start-up scheitert, als eine Person mit Erfahrung. Bei uns gilt sie als jemand, der gescheitert ist.«[23]

Wer immer nur lebt wie ein Counterboxer, also immer nur auf das reagiert, was auf ihn zukommt, der wird zum Spielball des Lebens. Oftmals ist es dann viel schwieriger und komplizierter, auf die widrigen

Umstände zu reagieren, als wenn man gleich die Weichen richtig gestellt hätte. Beispiel: Sie werden betriebsbedingt gekündigt und stehen plötzlich vor dem Nichts. Gab es dafür im Vorfeld wirklich keine Anzeichen? Oder haben Sie es vielleicht eher vorgezogen, sich nicht so genau mit den schlechten Geschäftsergebnissen der Firma zu beschäftigen und zu hoffen, dass alles wieder von allein gut wird?

Wer die Vorzeichen rechtzeitig erkennt, kann sich mit aller Seelenruhe nach einem besseren Job umschauen, statt auf den letzten Drücker irgendetwas annehmen zu müssen, nur um die Miete zahlen zu können. Selbst gewählte Veränderungen gestalten sich fast immer besser als aufgezwungene. Wenn Sie sich eigentlich sehr wohl fühlen an Ihrem Arbeitsplatz, der aber ein wenig kippelig ist, müssen Sie auch nicht gleich alle Register ziehen. Knüpfen Sie einfach Kontakte, bringen Sie Ihren Namen ins Spiel, glänzen Sie durch Kompetenz. Wenn Sie dann abspringen müssen, wird es eher jemanden geben, der schon mit offenen Armen bereitsteht, um Sie zu begrüßen.

Man merke sich: Bei Krisen ist derjenige im Vorteil, der sich angepasst hat, solange es noch genügend Raum und Möglichkeiten dazu gab.

»Haben Sie den Mut, Ihrem Herzen und Ihrer Intuition zu folgen. Sie wissen bereits, was Sie wirklich werden wollen. Alles andere ist zweitrangig.«

Steve Jobs, 1955–2011
Unternehmer, Mitgründer und langjähriger CEO von Apple Inc.

Den Mutigen gehört die Welt, sagt ein Sprichwort. Warum also stehen wir uns dann so oft selbst im Weg? »Geht nicht« – »Klappt nicht« – »Wird eh nix« gehen uns nur allzu leicht über die Lippen. Aber wie werden wir mutiger? Und lohnt sich das überhaupt?

Mut bedeutet nicht, keine Angst zu haben. Mut bedeutet, sich aus seiner Komfortzone zu bewegen. Oft genug bremst uns aber eben schon die Angst aus. Die Gefahr des Arbeitsplatzverlustes, vor dem sich immerhin sieben von zehn Arbeitnehmern fürchten[24], kann sehr real sein oder auch deutlich an der Realität vorbei. Unsere Angst rührt hier von der Sorge um unsere Existenz, die wir mit dem Einkommen aus dem Job sichern. Dabei sind wir längst nicht immer glücklich am aktuellen Arbeitsplatz. Aber kündigen? Das nehmen wir als gefährlich wahr, wenn wir nicht genau wissen, was danach für uns und unsere Existenz ansteht. Ist die Angst stärker als unsere Motivation für Veränderung, wird sie uns ausbremsen. Wir finden immer wieder Argumente, die jeden Anflug von Mut zunichtemachen, wie etwa:

Der Müller ist auch daran gescheitert.
Wenn das schiefgeht, habe ich ein Riesenproblem.
Ich wüsste nicht, wie ich das schaffen soll.
Meine Kollegen meinen, das sei eine Schnapsidee.

Sicher können Sie diese Liste noch weiter ergänzen. Aber ist die wahrgenommene Gefahr wirklich so groß, wenn man sie einmal genauer betrachtet? Meistens nicht. Wer allen Mut zusammennimmt und sich traut, stellt später vielleicht fest: Eigentlich war alles halb so schlimm, und das Ergebnis am Ende stimmt.

Mut oder der Mangel an Mut ist ein integrales Element jeder Kultur. Beim niederländischen Kulturwissenschaftler Geert Hofstede heißt Letzteres »Unsicherheitsvermeidung«. Sie definiert, wie viel Sicherheit Angehörige einer Kultur brauchen, um sich auch sicher zu fühlen. Wir in Deutschland sind eher risikoavers und möchten Unsicherheiten vermeiden. Das erklärt unter anderem die deutsche Bürokratie, in der es für unglaublich vieles exakte, schriftlich fixierte Regeln gibt.

Statt auf einen Paragrafendschungel wie bei unseren Gesetzen verlässt sich beispielsweise das angelsächsische Rechtssystem viel mehr auf Fallstudien, um eine Situation zu beurteilen. Das ist natürlich viel intuitiver. Auch die deutsche Freude am (Über-)Versichern ist eine Folge unserer Risikoaversion. Positiv gesehen befähigt sie uns, sehr detailorientiert zu planen – was wir auch mit Leidenschaft tun. Die Schattenseite: Wir haben eine negative Fehlerkultur. Pleiten, Pech und

Pannen sind verpönt. Das hindert uns erst recht daran, einfach mal zu experimentieren, wie Kinder etwas auszuprobieren und dann aus unseren Fehlern zu lernen. Trauen wir uns dann doch mal und scheitern dabei, merken wir aber auch: So schlimm ist ein Fehler gar nicht. Und beim nächsten Mal starten wir gezielter. Mut bedeutet also auch, dass wir uns dieser kulturellen Prägung bewusst werden und sie nach Bedarf ein wenig umschreiben.

Machen Sie sich Mut!

Es gibt verschiedene Wege, mutiger zu werden. Vielleicht probieren Sie ja einmal einen dieser Ansätze aus:

- **Neue Fehlerkultur**
  Erlauben Sie sich Fehler und Scheitern. Gehen Sie ein Projekt mit der Überzeugung an: »Ich darf scheitern.« Sollte dieser Fall tatsächlich eintreten, analysieren Sie, warum es passiert ist – und passen Sie Ihre neuen Wegetappen entsprechend an.
- **In kleinen Schritten**
  Natürlich können Sie gleich die Siebenmeilenstiefel anziehen. Einfacher ist das Mutigsein aber, wenn Sie kleine Schritte machen. Die gelingen auch eher, als gleich einen Weitsprung hinzulegen. Und am Ende kommen Sie mit vielen kleinen Schritten genauso weit wie mit einem Sprung.
- **Mit Vertrauen in sich selbst**
  Sie haben Talente, Fähigkeiten und Know-how. Also trauen Sie sich etwas zu. Wenn Ihr Chef ein Projekt für Sie hat, das Ihnen auf den Leib geschneidert ist, dann nehmen Sie es an, auch wenn Sie vorher noch nie ein Projekt geführt haben. Sie können, was Sie dafür können müssen, und irgendwann ist ohnehin immer das erste Mal.

Mut verleiht uns Handlungsfreiheit. Mut heißt, zu den eigenen Fehlern zu stehen. Nur wer das kann, kann wahrhaftig Verantwortung tragen. Mut bedeutet, dass wir an unsere Fähigkeit zur Bewältigung von Problemen glauben. Sie sind auf die Nase gefallen, einmal, mehrmals? Nun, der ewige Blick nach hinten verhindert ein Weitergehen nach vorn. Nehmen Sie aus der Vergangenheit nur mit, was Ihnen als wertvolle Lektion weiter hilfreich sein kann. Mut heißt auch, sich entgegen kultureller Normen, Erwartungen und Gepflogenheiten für sein eigenes Glück zu entscheiden.

Dr. Michaela Fuchs ist eine gute Bekannte von mir aus dem Netzwerk Quarterly Crossing (QX). 2011 gründete sie die medizinische Kosmetikserie Dr. Fuchs Cosmetics, die als Anti-Aging-Kosmetik im Internet und Teleshopping erhältlich ist. Sie selbst sagt: »Ich denke, Glaube versetzt Berge, es gehört aber auch viel Mut dazu, seiner Intuition zu folgen. Vor allem dann, wenn Familie, Freunde, einfach alle sagen: Du bist verrückt, das kann nicht gut gehen!«

Nach 25 Jahren mit einer etablierten Praxis, in der sie bequem ihren Lebensunterhalt verdienen konnte, gab Michaela ihr gesamtes bisheriges Leben auf, um Kosmetik via Teleshopping anzubieten. Was sie dabei erwarten würde – völlig ungewiss. Doch Michaela entschied sich, ihrer Intuition zu folgen. Denn sie hatte eine Kosmetik entwickelt, von der sie überzeugt war, dass sie qualitativ besser war als bisherige Produkte im Handel. Heute ist sie nach Eigenaussage erfolgreicher, als sie es sich jemals hätte vorstellen können. Jährlich wächst ihr Unternehmen, das mittlerweile in elf Ländern vertreten ist, um 100 Prozent. Michaela sagt: »Ich freue mich jeden Tag, dass ich auf mein Gefühl vertraut habe.«

Ich hoffe, dass sich viele der weiblichen Leser dieses Buches von diesen Fallgeschichten inspirieren lassen, denn laut einer neuen Studie der London Business School lassen sich Frauen im Durchschnitt schneller entmutigen als Männer.[25] Werden sie einmal bei einer Bewerbung abgelehnt, bei einer Beförderung übergangen oder bei einer Ausschreibung nicht bedacht, ist es 1,5-mal wahrscheinlicher, dass sie es nicht noch einmal versuchen, als bei Männern. Woran mag das liegen? Die Frauen in meinem Umfeld erlebe ich als stark und durchsetzungsfähig. Wo ist also das Problem? Aufschluss gibt vielleicht eine andere Studie der London Business School: Demnach fragen Frauen zwar genauso häufig nach einer Gehaltserhöhung wie Männer, erhalten sie aber seltener. Das bedeutet, um dasselbe Ziel zu erreichen, brauchen Frauen oft mehr Einsatz und Biss als Männer.[26]

Ich bedauere diesen Umstand und wünsche uns allen mehr Fairness. Allerdings: Wer es trotz aller Hindernisse schafft, den beziehungsweise die kann nichts mehr so leicht umhauen. Ich ziehe an dieser Stelle meinen Hut vor den Damen in der Geschäftswelt.

Seien Sie authentisch!

Es gibt viele Gründe, sich selbstständig zu machen. Ein nicht unwesentliches Argument: Wer sein eigenes Unternehmen gründet, hat die Möglichkeit, mehr zu verdienen. Mehr Einsatz spiegelt sich oftmals in mehr Einkommen – während immer mehr Angestellte sich bei unbezahlten Überstunden aufreiben, um den Traum eines anderen zu verwirklichen. Unternehmer entscheiden selbstbestimmt und selbstverwirklichend. Geistige Unabhängigkeit entsteht aus einer gewissen Kontaktfreude und emotionaler Stabilität. Je mehr Sie sich selbst und Ihren Fähigkeiten vertrauen, desto unabhängiger sind Sie von der Meinung der anderen Leute. Gerade diese Unabhängigkeit ermöglicht echten Kontakt. Denn wer nur so verträglich wie möglich erscheinen will, verbirgt oft sein wahres Ich. Wer dagegen in Kauf nimmt, dass sich andere von ihm abwenden werden, ist authentisch – und wirkt auf die richtigen Leute dann besonders charismatisch.

Andere Menschen wirklich berühren und begeistern können wir nur, wenn wir authentisch sind. Ob auf der Bühne oder im Alltagsleben: Andere Menschen spüren es unterbewusst, wenn wir uns nicht verstellen. Nonverbal kommuniziert unser Körper etwas anderes als das, was wir sagen. Das wirkt auf andere irritierend. Man traut demjenigen nicht, der so gemischte Botschaften sendet.

Das Problem ist, dass viele von uns ihre Authentizität sehr früh schon verloren haben, nämlich im Kindesalter, wenn es darum ging, nur die Wünsche anderer zu erfüllen. Im Erwachsenenalter kann es dann Mut, Tatkraft und fortwährende Reflexion erfordern, um sich selbst wirklich kennenzulernen und zu lernen, für sich selbst einzustehen. Weil viele nicht wissen, wie das geht, und vielleicht auch einige die Mühe scheuen, bleibt es für viele Menschen lebenslang eine Sehnsucht, authentisch zu sein. Ich verspreche Ihnen, dass es sich lohnt, Zeit zu investieren, um sich selbst kennenzulernen, denn langfristig steigt dadurch die Lebensqualität garantiert.

Entdecken Sie Ihr authentisches Ich!

Unser wahres Ich ist nicht etwas, das wir von äußerlichen Merkmalen ableiten können. Ihre derzeitigen Lebensumstände, Ihr Beruf, Ihre Kleidung und Ihr Verhalten sagen nicht zwangsläufig etwas darüber aus, was in Ihrem Herzen noch verborgen liegt und sich nach Ausdruck sehnt. Im Gegenteil, es sind die Fragen, die Sie stellen, die Sie auf Ihre wahre Identität hinweisen.

- Warum mache ich das, was ich mache?
- Was würde ich tun, wenn ich keine Verpflichtungen hätte?
- Ist es möglich, einen Teil davon auch in mein Leben samt seiner Verpflichtungen zu integrieren?
- Wie würde ich mich selbst sehen, wenn ich ein anderer wäre?
- Und wie würde ich mich sehen, wenn ich ein kleiner grüner Alien vom Mars wäre, der von den Gepflogenheiten auf der Erde noch keine Ahnung hat?
- Wie würde ich dem grünen Männchen vom Mars meine derzeitigen Entscheidungen erklären?
- Macht mich das glücklich, was ich dem grünen Männchen erzähle? Was würde mich glücklich machen?

Entwickeln Sie eine Vision!

Eine Vision ist wie ein Stern am Himmel, der uns die Richtung weist. Sie erinnert uns immer wieder daran, was unsere Werte sind und woran uns andere erkennen sollen. Nicht immer muss das im Berufsleben sein. Ist Ihnen viel Zeit mit der Familie das Wichtigste, ordnen Sie möglicherweise eine internationale Karriere dieser Vision unter. Aber worin unterscheidet sich eine Vision von Träumerei?

Eine Vision ist auf Erfolg ausgerichtet und die Vorstufe zur Handlung. Um dann zu wissen, wie es weiter vorangeht, kann es hilfreich sein, die Vision durch eine Collage zu visualisieren. In meinem Fall war das: Auf welchen Bühnen will ich stehen, wie viele Personen will ich pro Jahr erreichen, in welchen Talkshows will ich sprechen? Von meiner Vision profitieren andere Menschen: Ich möchte meinen Zuschauern über Mentalismus und als Keynote Speaker Unterhaltung und Nutzen bieten. Das hat Kraft.

Ohne eine Vision können wir langfristig nicht erfolgreich sein. Und dafür ist es nie zu spät! Der Gründer der Fast-Food-Kette McDonalds, Ray Kroc, war 59 Jahre alt, als er den McDonald-Brüdern ihre Lizenz abkaufte. Sein Ziel: An jeder Ecke in den USA sollte ein Laden stehen. Ray Kroc ignorierte den Rat seiner Anwälte und lieh sich 2,7 Millionen Dollar, um das bescheidene Franchise, das er mit aufgebaut hatte, zu kaufen. Heute gehört McDonalds zu den weltweit bekanntesten Marken, täglich kaufen mehr als 47 Millionen Menschen eines seiner McMeals.[27] Kroc wurde zur Businesslegende.

Eine Umfrage des Meinungsforschungsinstituts YouGov ergab: Die Hälfte der Menschen in Deutschland sind nicht zufrieden mit ihrem Job und würden eigentlich lieber etwas anderes machen.[28] Die Leidensfähigkeit unseres Volkes ist scheinbar groß. Aber ist das gut? Leider gibt es keine Studie dazu, wie viele diejenigen heimlich beneiden, die ausgebrochen sind aus starren Strukturen und ihren Traum leben.

Wenn Sie sich verändern wollen, sorgen Sie für ein gutes Energieniveau. Schlafen Sie gut, essen Sie gut, machen Sie Sport. So gewinnen Sie Reserven, die Sie bei der Umsetzung Ihres Traums unterstützen werden. Allerdings: Nicht immer ist das möglich. Manchmal sind wir in so unerträglichen und auslaugenden Situationen gefangen, dass wir von dort aus ausbrechen müssen. In dem Fall denken Sie daran: Es kann nur besser werden.

Wir sind darauf konditioniert, uns mehr auf die Angst vor Verlust zu konzentrieren, als uns auf unseren Erfolg zu freuen. Das ist zum Teil kulturell bedingt. Wir werden dazu erzogen, nicht zu laut zu sein, nicht zu sehr aufzufallen, unser Licht unter den Scheffel zu stellen. Dabei ist die Wahl eigentlich klar: Wenn wir in einer Sackgasse stehen, können wir entweder dort bleiben und frustriert die Wand anstarren, oder wir drehen um und nehmen einen anderen Weg, der uns weiterbringt.

Aus Angst vor der Realität ziehen es manche vor, sich bittersüßen, weil unerfüllten Sehnsüchten hinzugeben. Das haben Untersuchungen der Psychologin Alexandra Freund aus Zürich ergeben. So kann man ohne großen Energieaufwand und scheinbar gefahrlos zumindest gedanklich seinen Traum leben. Erfüllend ist das aber nicht. Besonders traurig ist es, wenn dann Erwachsene die eigenen ungelebten Träume den Kindern überstülpen, die doch völlig andere Menschen mit ihren eigenen Gefühlen und Visionen sind.[29]

Wenn Sie sich noch schwertun, etwas loszulassen, dann fragen Sie sich: Wäre der Verlust wirklich so groß? Was daran würde mir fehlen? Gibt es eine Möglichkeit, diese bestimmte Sache auf neuem Niveau – besser, echter – woanders wiederzufinden?

Um sich aus nicht zufriedenstellenden Verhältnissen zu lösen und sein Leben zu verbessern, braucht man Kraft. Liebe kann dabei helfen. Und Hingabe. Junge Eltern entdecken oftmals ungeahnte Kraftreserven, wenn sie aus Liebe zu ihren Kindern alles geben. Sie werden moralisch immer mutiger und klarer, weil sie dem Nachwuchs jeden Tag den Weg weisen und ihn beschützen müssen. Als Elternteil ist man gezwungen, Standpunkte einzunehmen und sie zu vertreten. Man braucht aber keine Kinder zu bekommen, um diese Klarheit zu entwickeln. Mut erwächst aus seelischer Stabilität, egal wo diese herkommt.

Definitiv bedeutet Mut nicht, dass man sich kopflos ins Abenteuer stürzt. Wenn Sie einen Traum haben, prüfen Sie, ob dieser von Ihnen bestimmte Qualifikationen erfordert. Und dann gehen Sie daran, eben diese zu erwerben. Wenn Sie mit Wissen und Zuversicht ausgestattet Ihr neues Angebot an die Welt formulieren, haben Sie eine wesentlich bessere Ausgangslage, als wenn Sie blind agiert hätten.

Achtung: Sehr ängstliche Menschen finden oft mit sehr dominanten Partnern zusammen. Eine solche Konstellation kann eine große zusätzliche Hürde sein. Während sich der eine immer mehr aufbläst, fühlt sich der andere immer kleiner. Wenn Sie das Gefühl haben, unsichtbar, wertlos, ein Möbelstück, Fußabtreter oder gar Boxsack zu sein, dann fragen Sie sich ernsthaft, ob das für den Rest Ihres Lebens so bleiben soll. Jede Blume braucht ein bisschen Sonne, um aufzublühen. Wenn Ihnen die jemand andauernd verdeckt, dann nehmen Sie besser die Beine in die Hand, und gehen Sie. Erst wenn Sie sich aus der unsäglichen Situation befreit haben, werden Sie sich wirklich entfalten können, weil ein wirklich missgünstiger Partner es durchaus schaffen kann, jede Ihrer Bemühungen im Keim zu ersticken.

*»Ganz und gar man selbst zu sein,
kann schon einigen Mut erfordern.«*

Sophia Loren, *1934
Schauspielerin

KAPITEL 11

FEIERN SIE DIE VERÄNDERUNG!

Warum wir Veränderung brauchen

»In einem wankenden Schiff fällt um, wer still steht, nicht, wer sich bewegt.«

Carl Ludwig Börne, 1786–1837
Journalist, Literatur- und Theaterkritiker

Während sich der Wandel früher über Jahrzehnte oder gar Jahrhunderte zog, hat er heute deutlich an Fahrt aufgenommen. Was vor zehn Jahren noch als Standard galt, ist heute lange und vielleicht schon von der dritten oder vierten Generation oder einer ganz neuen Idee überholt.

Der Wandel zieht sich dabei durch alle Aspekte des Lebens von Beziehungen und Partnerschaft über Wissen, Mobilität und Technologie bis hin zu Arbeitsweisen und -strukturen. Sie kommen also gar nicht darum herum, sich zu verändern, wenn Sie mit der Welt mithalten und in ihr bestehen wollen. Das gilt nicht nur für Ihren Arbeitsalltag, sondern auch für Sie ganz persönlich, für Ihre Ansichten und Ihre Beziehungen zu den Menschen in Ihrem Umfeld.

Selbstverständlich waren Veränderungen schon immer Teil des Lebens: von der Schule zum Arbeitsplatz, von der ersten zarten Verliebtheit zur Familiengründung. Heute, im Zeitalter der Digitalisierung, von Social Media und Social Networking wird allerdings mehr Flexibilität verlangt denn je. Oder zumindest ist diese nützlich, will man nicht abgehängt werden. Voraussetzung ist die Bereitschaft, ständig dazuzulernen. Sich wie früher nach der Schule und Ausbildung zurückzulehnen und zu denken: »Im Wesentlichen weiß ich jetzt alles«, das ist quasi undenkbar geworden. Unser Umfeld entwickelt sich, also müssen wir uns auch entwickeln, wenn wir nicht auf der Strecke bleiben wollen.

Geistig in Bewegung zu bleiben schützt vor chronischer Unzufriedenheit. Die entsteht nämlich, wenn der Betroffene glaubt, ohnehin nichts an seiner Situation ändern zu können. Das heißt, wenn er sich seiner Ressourcen nicht bewusst ist. Nicht selten führt das im Lauf der Jahre und Jahrzehnte zu Verbitterung.

Eine große Studie der Techniker Krankenkasse zum Thema Stress bestätigt dies: Die Hälfte derjenigen, die gern ihr Leben ändern würden, glaubten nicht, dass sie es wirklich könnten. Dabei ist der Drang nach Veränderung massiv. Von den 18- bis 29-Jährigen hegen 48 Prozent den Wunsch, etwas in ihrem Leben wesentlich zu verändern. Zwischen 40 und 49 ist dieser Wunsch mit 38 Prozent etwas seltener, doch bei den 50- bis 59-Jährigen schnellt diese Unzufriedenheit wieder auf 47 Prozent hoch. Diejenigen, die unterdurchschnittlich wenig verdienten, sehnten sich naturgemäß mehr nach Veränderung als die Besserverdiener, denn finanzielle Sorgen sind ein wesentlicher Grund für negativen Stress. Doch wer glaubt, nichts ändern zu können, bleibt im unergiebigen Hamsterrad, bis er irgendwann erschöpft dort herausfällt. [1]

Auch wer in schwierigen Situationen lieber wie der Vogel Strauß den Kopf in den Sand steckt, kann naturgemäß die Lösungsmöglichkeiten nicht mehr sehen – und übrigens auch nicht, wie sich die Bedrohung entwickelt. Hilfreiche Informationen gehen an dieser Person vorbei, während sie in der Schockstarre verharrt.

»Das Glück des Lebens hängt von der Beschaffenheit deiner Gedanken ab. Unser Leben ist das Produkt unserer Gedanken.«

Mark Aurel, 121–180
römischer Kaiser und Philosoph

Fangen Sie im kleinen Rahmen an, sich zu erproben und ein Gefühl für das zu bekommen, was Sie tun möchten. Ist Ihr Ziel die große Bühne? Sprechen Sie zuerst vor Freunden und Bekannten, und holen Sie deren Feedback ein. So können Sie sich dank ihres Wohlwollens verbessern. Wenn irgendwann keine oder kaum noch Verbesserungsvorschläge kommen, werden Sie sich schon sehr sicher fühlen.

Sprechen Sie mit vertrauten, unterstützenden Menschen über Ihre Pläne und Ziele. Dadurch, dass man Dinge ausspricht, werden sie gewissermaßen real. Die Wahrscheinlichkeit, dass wir sie umsetzen, steigt, wenn wir es erst einmal angekündigt haben. Wie der Coach Robert Betz treffend sagt: »Wir sind die Schöpfer und Gestalter unseres Lebens. Wer sich diesem Gedanken nicht öffnet, verharrt in der Opferrolle. Er glaubt, dass er immer nur auf das Leben reagiert.«[2] Fühlen Sie eine innere Unruhe, oder fühlen Sie sich schlecht, weil Sie immer wieder Ihre eigenen Werte verraten? Kommt Ihnen Ihr Umfeld in gewisser Weise immer »verrückter« vor? All dies sind Anzeichen, dass es Zeit sein könnte für eine tief greifende Veränderung in Ihrem Leben.

Beachten Sie auch, wenn manche Dinge Zeit-, Energie- oder Geldverschwendung waren. Immer wenn Sie einen solchen Faktor identifizieren, werden Sie insgesamt effizienter und produktiver. Fragen Sie sich: »Was macht mich langfristig glücklich?« Einen guten Hinweis darauf geben die Dinge, für die Sie bisher dankbar sind. Weitere Hinweise liefert die Frage: »Was würde ich tun, wenn Geld keine Rolle spielen würde?« Denn diese Frage holt Ihre Leidenschaft ins Bewusstsein.

Möglicherweise fallen wir auf die Nase, wenn wir Anlauf nehmen, einfach weil wir noch etwas naiv waren. Das ist erst recht ein Grund, es gleich noch einmal zu versuchen, denn naiv sind Sie nach dieser Erfahrung nun nicht mehr. Wenn etwas schiefläuft, analysieren Sie bitte unbedingt, warum das so war. Welche Zeichen haben Sie übersehen, oder haben Sie ihnen nicht genügend Beachtung geschenkt? Was müsste man anders machen, damit diese Situation nicht wieder eintritt? Denken Sie daran: Nach jedem Winter kommt der Frühling.

Alles ist veränderbar

Die New Yorker Psychologin Ursula Staudinger erklärte in einem SPIEGEL-WISSEN-Interview,[3] dass man zu jeder Zeit aus Routinen ausbrechen und dem Leben eine neue Richtung geben kann. Sogar große Persönlichkeitsmerkmale, wie etwa, ob jemand eher introvertiert oder eher extrovertiert ist, hält sie aufgrund von Längsschnittstudien für veränderbar.

»Das Veränderungspotenzial unserer Psyche ist sowohl kognitiv wie auch emotional immens«, sagt Staudinger. »Das ist eine große Stärke des Menschen und begründet vielleicht seine hohe Überlebensfähigkeit auf dem Planeten Erde.« Menschen, die sich selbst als Handelnden bei Veränderungen erleben, tun sich leichter damit, diese anzunehmen. Das Gefühl, sein Schicksal selbst bestimmen zu können, wird im Psychologenjargon »internale Kontrollüberzeugung« genannt. Um diese zu erlangen, empfiehlt die Psychologin, Sätze wie »Ich muss« mit »Ich entscheide mich« zu ersetzen.

In der Alltagskommunikation können wir das »muss« einfach weglassen. Anstatt dann zu sagen: »Ich muss einkaufen gehen«, sagen wir »Ich gehe einkaufen«. Spüren Sie, wie viel ermächtigender die zweite Version ist? Sie bedingt einen Perspektivenwechsel, vom Opfer (»Ich muss«) zum Entscheider und Handelnden (»Ich gehe«).

Staudinger glaubt, dass wir mit derzeitigen gesellschaftlichen Konstrukten und Lebensläufen unser aller Potenzial noch nicht voll ausschöpfen. Bis zur Mitte des Lebens muss viel geschafft werden, und dann sitzt man plötzlich da – im Trott, mit wenig Anreizen. Das ist aber kein Naturgesetz. Neue Impulse bekommen wir, indem wir gezielt nach neuen Erfahrungen suchen. Fahren Sie irgendwohin, wo Sie noch nicht waren. Ich selbst versuche genau aus diesem Grund, jedes Jahr ein neues Land zu bereisen. Wenn Sie gern Bücher lesen, greifen Sie doch beim nächsten Mal zu einem ganz anderen Genre, vielleicht zum Roman statt zum Sachbuch. Auch kleine Veränderungen können überraschend bereichernd sein.

Wenn Sie sich entscheiden, den Job zu wechseln, suchen Sie sich den nächsten nicht nur nach dem Gehalt aus. Inhalt, also ein erlebter und greifbarer Sinn bei der Arbeit, ist wichtiger als Geld, das ergab eine IMAS-Studie.[4] Die befragten Arbeitnehmer stuften zwar Sicherheit als wichtigstes Kriterium bei ihrem Arbeitsplatz ein. Gleich danach, auf Platz zwei, kam jedoch nicht die Entlohnung, sondern der Sinn der Tätigkeit. Zwei von drei der befragten Arbeitnehmer legten hierauf besonders viel Wert. Im Idealfall ist dieser Sinn mit der persönlichen Leidenschaft des jeweiligen Menschen verbunden. Wer also beispielsweise generell einen nachhaltigen Lebensstil pflegt, wird diese Ideale auch in seiner Firma schon von sich aus sorgfältiger und engagierter umsetzen.

In fünf Schritten zu Ihrer Passion

Sie wissen, wohin Sie wollen, aber Sie finden den Anfang des Fadens nicht? Versuchen Sie es so:

- **Mit Block und Stift**
  Suchen Sie noch Ihren Erfolgsmotor? Dann nehmen Sie jetzt Zettel und Stift, und notieren Sie jeweils drei Dinge, die Sie heiß und innig lieben, und drei Dinge, in denen Sie einfach gut sind. In der Schnittmenge finden Sie Ihre Leidenschaften.
- **Ohne Scham**
  Oft bremsen wir uns selbst aus, indem wir uns fragen, was andere von uns und unserem Tun halten. Das ist unwichtig, wenn Sie Ihrer Leidenschaft nachgehen. Wichtig ist nur, dass Sie sich damit wohl-

fühlen und Ihr Ziel auch erreichen. Sobald Sie Ihrer gefundenen Leidenschaft authentisch nachgehen, wird Ihnen das Umfeld folgen.

- **Modus statt Inhalt**
  Manchmal ist es gar nicht der Inhalt, der uns eine Aufgabe sauer macht. Vielleicht tun Sie jetzt schon gern, was Sie tun – aber der Elan fehlt. Fragen Sie sich, was sich am täglichen Ablauf ändern muss, damit Sie mit Passion bei der Sache sind: andere Arbeitszeiten, eine andere Arbeitsumgebung?
- **Seien Sie Kind**
  Kinder denken nicht so viel nach wie Erwachsene. Sie machen einfach, was ihnen Spaß macht, und haben keine Angst vor »Nebenwirkungen«. Wenn Sie mal wieder nicht weiterkommen, betrachten Sie die Situation durch die kindlich-leidenschaftliche Brille und finden so spielerisch Lösungen.
- **Kein Status quo**
  Unsere gewohnten Denkbahnen sind anerzogen und kulturell geprägt. Manchmal ist aber genau das Ausbrechen aus selbigen die Lösung. Legen Sie also Gedanken nicht immer gleich mit »das ist doch völlig verrückt« beiseite. Vielleicht ist es Ihr Weg zur Erfüllung und gar nicht so realitätsfern, wie es auf den ersten Blick scheint.

Werden Sie der Mensch, der Sie sein wollen!

»Es ist besser, unvollkommen anzupacken, als perfekt zu zögern.«

Thomas Alva Edison, 1847–1931
Erfinder und Unternehmer

Das Geheimnis des Erfolges ist es anzufangen, das wusste schon Mark Twain. Träume schaffen Visionen, aber Realität werden sie nur durch Tatkraft. Erfolg kommt niemals von heute auf morgen, sondern wächst aus der Arbeit, die Sie dafür investieren. Viele kleine Taten führen dann im Gesamten zu dem, was man Erfolg nennt. Seien Sie versichert, man kann meist viel mehr tun, als man sich selbst zutraut. Viele Hindernisse existieren nur in unserem Kopf, und doch halten sie uns womöglich vom Handeln ab. Angst und Selbstzweifel kennt jeder, doch erfolgreiche Menschen lassen sich nicht davon beherrschen. Mutige Menschen wissen, dass jede Herausforderung sie nur noch stärker macht, unabhängig davon, wie das Resultat sein wird.

Überstrahlen Sie Ihre Angst mit Dankbarkeit! Beginnen Sie, die Dinge in Ihrem Leben nicht als selbstverständlich zu betrachten. Die haben Sie herbeigeführt. Selbst wenn es nur so kleine Dinge sind wie ein leckeres Eis in der Sonne. Seien Sie sich selbst dankbar, dass Sie es sich so gut gehen lassen. So werden Sie merken, wie gut Sie schon für sich sorgen und wie viel Schönes Sie schon in Ihr Leben bringen.

Offenheit ermöglicht uns immer neue, spannende Erfahrungen im Leben. So bleiben wir jung, innerlich und oft auch äußerlich, einfach weil wir aktiver sind. Wer verschlossen ist, der schließt eben auch ganz viel aus. Lassen Sie Spaß und Lebensfreude herein. Je mehr wir uns persönlich weiterentwickeln, uns besser kennenlernen, stärker und robuster werden, desto leichter fällt es uns auch, offen zu sein.

Jetzt kommt Ihre Zeit! Lassen Sie Altes los: alte Ängste, alte Einschränkungen, alte Glaubenssätze, die nicht mehr funktionieren. Kommen Sie in Ihre Kraft. Lernen Sie, Ihr eigenes Potenzial wertzuschätzen. Im Grunde wissen Sie doch, dass Sie viel mehr können und wissen, als Sie gemeinhin zeigen – oder? Sie haben sich mit diesem Buch das notwendige Rüstzeug angeeignet, um zu strahlen. Sie stehen nun quasi an der Schwelle zu einem neuen Leben, wie ein Student, der sein Diplom in der Hand hält.

Alles ist nun möglich, und Sie haben das notwendige Handwerkszeug, um Ihre Pläne und Träume in die Realität umzusetzen. Gehen Sie hinaus in die Welt, und lassen Sie Ihr Licht hell leuchten! Die Welt braucht mehr Leuchttürme. Gehen Sie voran. Und weiter voran. Und weiter voran. Wer sich jetzt versteckt, verrät nicht nur sich selbst, sondern enthält der Welt seine wunderbaren Talente und Inspirationen vor. Sie kennen Ihr Innerstes nun, denn Sie wissen, wie man die Stimme der Intuition hört und zu deuten weiß. Nun ist es an Ihnen, Neues zu schaffen und eine Zukunft voranzutreiben, in der wir alle authentischer, erfüllter und daraus resultierend auch friedlicher zusammenleben können.

Vertrauen Sie Ihren Instinkten und Ihren innersten Wünschen! Sie führen Sie zu einem sinnerfüllten Leben. Wenn Sie die Rolle einnehmen, die Ihnen am besten zusagt, wenn wir alle das machen – dann räumen wir gleichzeitig gewissermaßen auf. Zu viele von uns sind derzeit zerstreut, gefangen in Lebensstilen und Situationen, die nicht ihrem Innersten entsprechen. So können sie aber auch nie wirklich gut in dem sein, was sie tun. Was wir jetzt brauchen, sind Menschen, die genau das tun, was sie am besten können. Damit wir als Menschheit weiter vorankommen. Wenn Sie sehen, dass Sie etwas besser können als diejenigen, die es gerade tun: Stellen Sie Ihr Talent anderen zur Verfügung. Haben Sie Einsichten, die andere bereichern können? Nutzen Sie die sozialen Medien, starten Sie Ihren Blog, oder gehen Sie auf die Bühne. Beraten Sie Klienten. Dadurch, dass Sie sich zeigen, machen Sie sich nützlich. Und fühlen sich gut dabei.

»Intelligenz, die voll erwacht ist, ist Intuition, und Intuition ist die einzig wahre Führung im Leben.«

Jiddu Krishnamurti, 1895–1986
Philosoph und Theosoph

Welches Projekt werden Sie als nächstes angehen und damit durchstarten? Sie denken gerade an das »Wann«? So etwas wie das perfekte Timing gibt es nicht! Fangen Sie jetzt an, und Sie werden sehen, dass Sie schon mal 100 Prozent mehr Resultate sehen werden, als wenn Sie nichts getan hätten. Zögern zeigt sich in verschiedensten Formen, meistens jedoch in einer: in der perfekten Planung. Doch es kommt der Moment, wo nur noch eines hilft: einfach machen. Wenn dann die Situation nicht so zustande kommt, wie Sie es sich vorgestellt haben, zögern Sie vielleicht wieder. Doch wenn Sie beharrlich sind, finden Sie Mittel und Wege, um die Hindernisse zu überwinden. Lassen Sie sich einfach nicht von Ihrem Weg abbringen. Seien Sie Sie selbst, in jeder Situation. Die Leidenschaft zeigt Ihnen, dass Sie für Ihre Sache brennen und dass Ihnen das niemand mehr nehmen kann.

»Das Herz hat Gründe, von denen die Vernunft nichts weiß.«

Blaise Pascal, 1623–1662
Mathematiker, Physiker, Literat, christlicher Philosoph

Wollen Sie wirklich den Großteil Ihrer Kraft dafür aufwenden, in der Vergangenheit zu leben? Das brauchen Sie nicht mehr. Die Kellertüren sind geöffnet. Für frischen Wind, für mehr Weisheit, für Bewegung. Der Kontakt mit dem Unterbewusstsein hilft, Ihre Wahrheit zu finden. Gemeinsam mit Leidenschaft, Beharrlichkeit und Authentizität wird eine Erfolgsformel daraus. Nur so werden Sie andere Menschen mitreißen — und dabei selbst Spaß haben! Je mehr, desto besser, denn genau diese Emotionen übertragen Sie dann an Ihr Umfeld. Jeden Tag sprechen wir durchschnittlich 16.000 Wörter[5] und verändern damit unsere Welt. Der Wandel liegt auf unseren Lippen und beginnt in unseren Herzen. Geben Sie Ihren Worten Bedeutung, und lassen Sie beherzt Taten folgen, die für eine starke Veränderung sprechen!

Auf Ihre Intuition zu hören, bedeutet, aus einem schlafwandlerischen Traum aufzuwachen und wirklich anzufangen zu leben. Beginnen Sie heute! Nehmen Sie alles, was nicht passt, und streichen Sie es durch! Werden Sie zu Ihrem eigenen besten Freund und weisesten Berater! Das können Sie nun – denn Sie sind jetzt in Kontakt mit Ihrer Intuition.

*»Viel mehr als unsere Fähigkeiten
sind es unsere Entscheidungen, die zeigen,
wer wir wirklich sind.«*

J. K. Rowling, *1965
Schriftstellerin

WIE GEHT ES WEITER?

Ich freue mich sehr, wenn Ihnen meine Denkweise zur Intuition gefallen hat. Wollen Sie noch einen Schritt weitergehen? Wollen Sie Ihre Intuition noch weiterschärfen und davon profitieren?

Dann sichern Sie sich jetzt gleich den Zugang zu meinem Intuitionsprogramm. Dieses steht Ihnen als Leser dieses Buches exklusiv zur Verfügung und umfasst unter anderem folgende Inhalte:

- Meine Videoanleitung zu rapiden Suggestionen.
- Die exakte Videoanleitung meiner Meditation, wie ich sie vor jeder Show und jedem Vortrag anwende – und warum ich hiervon extrem profitiere.
- Einen Intuitionstest inklusive Auswertung.
- Weitere historische Beispiele, die zeigen, was passierte, als Menschen auf ihre Intuition hörten oder das eben nicht taten.
- Meine persönlichen Erlebnisse zu meiner Intuition, unter anderem mit einer besonderen Begegnung in einem Münchner Nachtklub, bei der das Handlesen bei einer Dame eine wichtige Rolle spielte.

Den Zugang zu meinem Intuitionsprogramm sichern Sie sich unter:
dr.florianilgen.de/intuitionsprogramm

Noch einfacher ist es, wenn Sie Ihr Handy zur Hand nehmen, die Kamera öffnen und einfach damit den folgenden QR Code anvisieren:

LASSEN SIE UNS IN KONTAKT BLEIBEN!

Über Ihr Feedback, Ihre Erlebnisse sowie Erkenntnisse freue ich mich sehr!

Teilen Sie mir das gern unter folgender E-Mail-Adresse mit:

intuition@florianilgen.de

Wollen Sie noch mehr erleben?

Folgen Sie mir dazu in den sozialen Medien, und erhalten Sie regelmäßig spannende Videos und Inspirationsartikel zu den Themen Intuition, Persönlichkeitsentwicklung, Körpersprache, Gedankenlesen, Motivation, Angstreduktion, Lügner entlarven u.v.m.

Die neuesten Videos finden Sie auf: **YouTube**

Interessante Fachartikel auf: **LinkedIn**

Tägliche Motivation auf: **Instagram**

Den kompletten Überblick auf: **Facebook**

BEGEISTERTE ZUSCHAUER MIT DR. FLORIAN ILGEN

Erleben Sie Dr. Florian Ilgen live, wie er Mitarbeiter und Kunden auf Firmenfeiern und Kongressen mitreißt. Hierzu gibt es drei Möglichkeiten:

- »Digital Mindset« – der inspirierende Vortrag
- »Gedankenspiele« – die verblüffende Mentalshow
- »Mindshift – Top Business Entertainment« – der spannende Showvortrag mit Lerneffekt

Weitere Informationen finden Sie unter:

www.florianilgen.de

DANKSAGUNG

Mein größter Dank geht an die Menschen, die mir in meinem Leben am wichtigsten sind. Die Menschen, die in jeder Minute, in jeder Sekunde an mich geglaubt haben. Auch wenn meine Entscheidungen nicht immer ganz nachvollziehbar waren. Er gilt den Menschen, die sehr viel Zeit, Energie, Geld, Emotionen und Lebensqualität in mich investiert haben: meinen Eltern! Liebe Traudl, lieber Oskar, ich möchte mich bei euch für eure bedingungslose Liebe und ermächtigende Unterstützung bedanken. Ihr habt alles richtig gemacht, und ich bin darum sehr stolz auf euch. Ohne euch würde dieses Buch nicht existieren. Schön, dass ihr da seid!

Meinen beiden Schwestern Martina und Kathrin gebührt ebenso großer Dank. Sie unterstützten meine Eltern bei meiner Erziehung sehr. Wir haben wunderbare Momente damals im Siemens-Museum in München, in Italien am Strand, bei den Großeltern oder mit der »Rennmaschine« erlebt. Vielen Dank für eure Zeit und Liebe. Und sorry, dass ich als Kleinkind eure Schulbücher mit Wachsmalfarben vollgemalt habe und mich als Gärtner an dem Zierorangenbäumchen versucht habe.

Ich bedanke mich sehr bei dem Komplett-Media Verlag, insbesondere bei Julia Loschelder und Verena Schörner, für die Unterstützung und dass sie an dieses spannende Projekt geglaubt haben. Stark, in welch kurzer Zeit das gesamte Projekt umgesetzt wurde, danke dafür! Es ist schon spannend, wie dieser interessante Kontakt über Julias Bruder beim Italiener in Schwabing entstanden ist. Oder war es reine Intuition?

Unglaubliche Unterstützung erhalte ich von meinem sagenhaften Team. Hierfür möchte ich mich ganz herzlich insbesondere bei Antje, meiner Managerin, bedanken. Antje hält mir den Rücken frei, damit ich mich auf die wichtigen Dinge fokussieren kann. Das fühlt sich extrem gut an. Ohne mein Team wäre ich weder im Büro noch auf der Bühne zu 100 Prozent präsent! Tausend Dank darum an Krista, Eliza, Jenny, Inge, Sebastian, Bruno, Fee, Laura und Bene. IHR seid die Begeisterung!

Einen ganz herzlichen Dank möchte ich meinem langjährigen Freund und Basketballkollegen Alexander Vogt aussprechen. Obwohl wir in vielen Dingen komplett gegensätzlich denken, schätze ich genau diese Eigenschaft, die es ermöglicht, dass wir uns optimal ergänzen und gegenseitig inspirieren. Ich freue mich auf eine spannende gemeinsame Zeit mit Alex und vielen weiteren gewonnenen Basketballspielen.

Fast so lange zähle ich nun auch schon Michael Baumann zu meinem innersten Kreis und bin darüber sehr dankbar. Michael fordert mich immer wieder gern dazu heraus, Dinge aus einer anderen Perspektive zu betrachten. Das macht Sinn, auch wenn man es im ersten Moment nicht wahrhaben will und es sich unangenehm anfühlt. Danke für diese essenzielle Form der Reibung. Ich liebe Reibung, denn sie steht bei mir für Weiterentwicklung.

Ein großartiger Dank geht ebenfalls an Patrick Ott aus dem QX-Netzwerk. Patrick unterstützte mich 2013 sehr, als es mir finanziell und emotional nicht gut ging. Bereits zuvor schätzte ich es immer äußerst, dass Patrick mit seiner Denkweise und seinen Anregungen für mich wie ein Mentor war und es auch heute noch ist. Ich freue mich sehr auf weitere spannende Abende mit Patrick und den einmaligen Gesprächen zu den diversesten Themen.

Max Bormann und ich haben uns bei der Coachingausbildung kennengelernt. Aus der Teilnahme am Seminar wurde schnell eine Freundschaft, die schon viele Jahre anhält. Ich bin Max äußerst dankbar, da er mir gern einen Spiegel vorhält. Das fühlt sich nicht immer gut an, bringt mich und sogar uns aber sehr schnell weiter. Vielen Dank, Max, für die Freundschaft und unerbittliche Empathie deinerseits.

Mein Dank von Herzen geht an alle Freunde und Bekannten für die schönen, lehrreichen, ereignisreichen, einmaligen und besonderen Momente, die ich mit euch teilen durfte. Ich freue mich, dass ihr da seid, und auf all das, was wir noch gemeinsam erleben werden!

Ohne eine weitere Person würde dieses Buch wohl auch nicht existieren. In Australien haben wir uns vor mehr als 13 Jahren kennengelernt. Damals hätte ich niemals gedacht, dass ein Chemieingenieur aus Kanada mein Leben für immer verändern würde. Ich danke darum Ian Yelle für die Inspiration und die kindliche Neugier, die er in mir erweckte, als ich Zeuge von Verblüffung und Begeisterung wurde. Danke, dass du mir nicht verraten hast, wie deine Effekte funktionieren. Die Magie des Moments wurde so konserviert und begeistert mich heute immer wieder von Neuem, damit ich sie mit anderen Menschen teilen kann.

QUELLENVERZEICHNIS

Kapitel 1: Leben Sie das Leben der anderen?

1 Vermögen Magazin (2019): Wie reich ist Larry Page? Verfügbar unter: https://www.vermoegenmagazin.de/larry-page-vermoegen/. Eingesehen am: 05.02.2019

2 arte (2013): Der kluge Bauch. Unser zweites Gehirn. Verfügbar unter: https://www.arte.tv/de/videos/048696-000-A/der-kluge-bauch/?fbclid=IwAR1ury4ha421g5SQaWr4ItgJ01x7uhS2P0qd8E3WaJtFe6jpIdYrezGvW7U. Eingesehen am: 05.02.2019

3 Luczak, H. (2000): Neurologie: Wie der Bauch den Kopf bestimmt. In: Geo. Verfügbar unter: https://www.geo.de/wissen/13364-rtkl-neurologie-wie-der-bauch-den-kopf-bestimmt. Eingesehen am: 19.01.2019

4 SimplyScience (2017): Die Beziehung zwischen Darm und Gehirn. Verfügbar unter: https://www.simplyscience.ch/teens-liesnach-archiv/articles/die-beziehung-zwischen-darm-und-gehirn.html. Eingesehen am: 19.01.2019

5 Hein, T. (2015): Die Geheimnisse der Bauch-Hirn-Achse. In: DER STANDARD. Verfügbar unter: https://derstandard.at/2000009887841/Die-Geheimnisse-der-Bauch-Hirn-Achse. Eingesehen am: 19.01.2019

6 Fiktive Namen

Kapitel 2: Das Unerklärliche erklären – geht das überhaupt?

1 Frey, D.; Johnson, E.D.; De Neys, W. (2018): Individual differences in conflict detection during reasoning. In: Quarterly Journal of Experimental Psychology. Verfügbar unter: https://journals.sagepub.com/doi/10.1080/17470218.2017.1313283. Eingesehen am: 05.02.2019

2 TV14. Verfügbar unter: https://www.tv14.de/

3 Hubert, M. (2016): Logik und Intuition. Die andere Seite der Vernunft. In: Deutschlandfunk.de. Verfügbar unter: https://www.deutschlandfunk.de/logik-und-intuition-die-andere-seite-der-vernunft.740.de.html?dram:article_id=369219. Eingesehen am: 05.02.2019

4 Berndt, C. (2010): Das innere Auge. In: Süddeutsche.de. Verfügbar unter: https://www.sueddeutsche.de/panorama/intuition-das-innere-auge-1.923320. Eingesehen am: 05.02.2019

5 Max-Planck-Gesellschaft (2014): Intuition: Typisch weiblich, typisch männlich? Studie untersucht Stereotype von Deutschen und Spaniern. Verfügbar unter: https://www.mpg.de/7960804/Intuition. Eingesehen am: 05.02.2019

6 Ansell, E.B.; Rando, K.; Tuit, K.; Guarnaccia, J., Sinha, R. (2012): Cumulative adversity and smaller gray matter volume in medial prefrontal, anterior cingulate, and insula regions. In: Biol Psychiatry. 72(1), S. 57-64. Verfügbar unter: https://www.ncbi.nlm.nih.gov/pubmed/22218286.

7 Yuen, E.Y.; Wei, J.; Liu, W. et al. (2012): Repeated Stress Causes Cognitive Impairment by Suppressing Glutamate Receptor Expression and Function in Prefrontal Cortex. In: Neuron. Volume 73(5). S. 962–977. Verfügbar unter: doi: 10.1016/j.neuron.2011.12.033.

8 Konkel, L. (2015): What Is Glutamate? In: Everyday Health. Verfügbar unter: https://www.everydayhealth.com/glutamate/guide/. Eingesehen am: 05.02.2019

9 Wolf, O.T. (ohne Datum): Wie Stress unser Gedächtnis beeinflusst. Neueste Einsichten der Stressforschung. Research Department of Neuroscience. Verfügbar unter: http://www.kath.ruhr-uni-bochum.de/mam/notfallseelsorge/downloads/wolf_stress.pdf

10 https://www.tk.de/techniker/magazin/life-balance/was-ist-stress/gehirn-hormone-stress-2006900

11 S.T.E.P. Training & Coaching. Verfügbar unter: https://www.step-online.de.

12 Süddeutsche (2019): Der tägliche Tod. Verfügbar unter: https://www.sueddeutsche.de/medien/fernsehen-krimis-gesellschaft-1.4275443. Eingesehen am: 05.02.2019

13 Max-Planck-Institut für Psychiatrie (ohne Datum): Stress, Neurobiologie und Neurogenetik: Ein Brückenschlag zwischen Genotyp und Phänotyp. Verfügbar unter: https://www.psych.mpg.de/1448280/chen. Eingesehen am: 05.02.2019

14 Sapolsky, R.M. (1993): Stress, the Aging Brain, and the Mechanisms of Neuron Death. In: N Engl J Med. 329:1049. Verfügbar unter: https://www.nejm.org/doi/full/10.1056/NEJM199309303291423

15 Berchtold, N.C.; Castello, N.; Cotman, C.W. (2011): Exercise and time-dependent benefits to learning and memory. In: Neuroscience. 19; 167(3). S. 588–597. Verfügbar unter: https://www.ncbi.nlm.nih.gov/pmc/articles/PMC2857396/.

16 Dickerson, S.; Kemeny, M.E. (2004): Acute Stressors and Cortisol Responses: A Theoretical Integration and Synthesis of Laboratory Research. In: Psychological Bulletin 130(3). S. 355–91. Verfügbar unter: https://www.researchgate.net/publication/8582418_Acute_Stressors_and_Cortisol_Responses_A_Theoretical_Integration_and_Synthesis_of_Laboratory_Research.

17 Kluin, K. (2008): Geht's auch anders? In: Zeit.de. Verfügbar unter: https://www.zeit.de/zeit-wissen/2008/01/Veraenderung/komplettansicht. Eingesehen am: 05.02.2019

18 RUV (2018): Grafiken: Alle Ängste im Überblick. Verfügbar unter: https://www.ruv.de/presse/aengste-der-deutschen/grafiken-die-aengste-der-deutschen. Eingesehen am: 05.02.2019

19 Dunlop, B.W.; Rajendra, J.K.; Craighead, E. et al. (2017): Functional Connectivity of the Subcallosal Cingulate Cortex And Differential Outcomes to Treatment With Cognitive-Behavioral Therapy or Antidepressant Medication for Major Depressive Disorder. In: Am J Psych. Verfügbar unter: https://ajp.psychiatryonline.org/doi/10.1176/appi.ajp.2016.16050518.

20 Forbes (2018): #20 Oprah Winfrey. Verfügbar unter: https://www.forbes.com/profile/oprah-winfrey/#73511cba5745. Eingesehen am: 05.02.2019

21 Schmitt, U. (2010): Biographie enthüllt Oprahs dunkle Vergangenheit. In: Welt. Verfügbar unter: https://www.welt.de/fernsehen/article7276916/Biographie-enthuellt-Oprahs-dunkle-Vergangenheit.html. Eingesehen am: 05.02.2019

22 Elkins, K. (2015): From poverty to a $3 billion fortune — the incredible rags-to-riches story of Oprah. In: Business Insider Deutschland. Verfügbar unter: https://www.businessinsider.de/rags-to-riches-story-of-oprah-winfrey-2015-5?r=US&IR=T. Eingesehen am: 05.02.2019

23 Dodds, C. (ohne Datum): Oprah Winfrey: Success Story. In: Investopedia. Verfügbar unter: https://www.investopedia.com/university/oprah-winfrey-biography/oprah-winfrey-success-story.asp. Eingesehen am: 05.02.2019

Kapitel 3: Was kann die Intuition?

1 Psychologie News (ohne Datum): Bauchgefühl, Intuition und das Unbewusste. Verfügbar unter: http://psychologie-news.stangl.eu/317/bauchgefuehl-intuition-und-das-unbewusste. Eingesehen am: 05.02.2019

2 Freud, S. (1855): Das Unbewusste. Reclam. Verfügbar unter: https://www.reclam.de/data/media/978-3-15-018955-9.pdf.

3 Werner Strangls Arbeitsblätter (ohne Datum): Die Hypothese der somatischen Marker. Verfügbar unter: http://arbeitsblaetter.stangl-taller.at/GEHIRN/GehirnSomatischeMarker.shtml. Eingesehen am: 05.02.2019

4 Storch, M. (2004) GUTE ENTSCHEIDUNGEN TREFFEN. Die Pizza-Probe. In: Gehirn und Geist. 01/2004. Verfügbar unter: http://majastorch.de/download/GG_somatische_marker.pdf.

5 REMSTIN (ohne Datum): Somatische Marker bilden unser Körpergedächtnis. Verfügbar unter: https://remstim.com/somatische-marker-bilden-koerpergedaechtnis/. Eingesehen am: 05.02.2019

6 Klein, G. (1993): A Recognition Primed Decision (RPD) Model of Rapid Decision Making. In: Ablex (Hrsg.): Decision Making in Action. Verfügbar unter: https://www.researchgate.net/publication/235418838_A_Recognition_Primed_Decision_RPD_Model_of_Rapid_Decision_Making.

7 Decision Innovation (ohne Datum): When is intuitive decision making beneficial? Verfügbar unter: https://www.decision-making-solutions.com/intuitive_decision_making.html. Eingesehen am: 05.02.2019

8 Glöckner, A.; Betsch, T. (2008): Multiple-reason decision making based on automatic processing. In: J Exp Psychol Learn Mem Cogn. 34(5). S.1055–75. Verfügbar unter: https://www.ncbi.nlm.nih.gov/pubmed/18763891.

9 Glöckner, A. (2008): Zur Rolle intuitiver und bewusster Prozesse bei rechtlichen Entscheidungen. In: Max-Planck-Gesellschaft. Verfügbar unter: https://www.mpg.de/317987/forschungsSchwerpunkt. Eingesehen am: 05.02.2019

10 Vogt, R. (2015): Entscheidend: Bauchgefühl oder Verstand? In: Das Gehirn.info. https://www.dasgehirn.info/denken/intuition/entscheidend-bauchgefuehl-oder-verstand. Eingesehen am: 05.02.2019

11 Max-Planck-Institut für Bildungsforschung (ohne Datum): Gerd Gigerenzer. Verfügbar unter: https://www.mpib-berlin.mpg.de/de/mitarbeiter/gerd-gigerenzer. Eingesehen am: 05.02.2019

12 LMU (2004): Kognitionspsychologe Gigerenzer zu Gast an der LMU. Verfügbar unter: https://www.uni-muenchen.de/informationen_fuer/presse/presseinformationen/2004/921.html. Eingesehen am: 05.02.2019

13 Spiegel Online (2007): Die Macht des Unbewussten. Verfügbar unter: http://www.spiegel.de/wissenschaft/mensch/intuition-die-macht-des-unbewussten-a-479900-2.html. Eingesehen am: 05.02.2019

14 https://www.deutschlandfunk.de/psychologisches-experiment-ueble-nachrede-bleibt-im-gehirn.676.de.html?dram:article_id=438895

15 Mehrabian, A.; Wiener, M.: Decoding of Inconsistent Communications. In: Journal of Personality and Social Psychology. 6, (1967), Nr. 1, S. 109–114., Mehrabian, A.; Ferris, S.: Inference of Attitudes from Nonverbal Communication in Two Channels. In: Journal of Consulting and Clinical Psychology. 31, (1967), Nr. 3, S. 248–252.

16 http://imj.ie/semenly-harmless-back-pain-an-unusual-presentation-of-a-subcutaneous-abscess/

17 Die komplette Anleitung zu meiner Meditation erhalten Sie in meinem Intuitionsprogramm, das Sie kostenlos herunterladen können (siehe Seite 220)

18 Hoc, S. (2004): Depressive Erkrankungen: Häufig mit Schmerzen verbunden. In: Dtsch Arztebl. 101(25). Verfügbar unter: https://www.aerzteblatt.de/archiv/42425/Depressive-Erkrankungen-Haeufig-mit-Schmerzen-verbunden.

19 https://www.pharmazeutische-zeitung.de/ausgabe-282010/und-es-wirkt-doch/

20 Schäfer, L. (2019): Er spricht über psychische Krankheiten – und Königin Mathilde offenbart ihre Erfahrungen. In: Bunte.de. Verfügbar unter: https://www.bunte.de/royals/britisches-koenigshaus/prinz-william-er-spricht-ueber-psychische-krankheiten-und-koenigin-mathilde-offenbart-ihre.html. Eingesehen am: 05.02.2019

Kapitel 4: Sich selbst verwirklichen – aber wie?

1 Focus Online (2006): Selbstständigkeit macht glücklich. Verfügbar unter: https://www.focus.de/finanzen/news/arbeitsmarkt/britische-studie_aid_107612.html. Eingesehen am: 05.02.2019

2 Watson (2017): Studie: Wer selbständig ist, arbeitet zwar mehr, ist aber glücklicher. Verfügbar unter: https://www.watson.ch/schweiz/forschung/582221033-studie-wer-selbstaendig-ist-arbeitet-zwar-mehr-ist-aber-gluecklicher. Eingesehen am: 05.02.2019

3 Binder, M.; Coad, A. (2012). Life satisfaction and self-employment: A matching approach. In: Small Business Economics. 40(4). S. 1009–1033. Verfügbar unter: DOI 10.1007/s11187-011-9413-9.

4 Statista (2010): Aus welchen der folgenden Gründe könnten Sie sich vorstellen, sich selbstständig zu machen? Verfügbar unter: https://de.statista.com/statistik/daten/studie/166748/umfrage/motive-fuer-die-selbstaendigkeit-in-deutschland/. http://news.amway.de/ager/media/uploads/studien/Detailergebnisse_Selbstaendigkeitsstudie.pdf

5 Selbstständigkeit im Netz (2011): Leidenschaft als wichtigster Erfolgsfaktor?! Verfügbar unter: https://www.selbstaendig-im-netz.de/ideen/leidenschaft-als-wichtigster-erfolgsfaktor/. Eingesehen am: 05.02.2019

6 Ingenieur.de (2017): Diese Erfindungen wären ohne Albert Einstein undenkbar. Verfügbar unter: https://www.ingenieur.de/technik/forschung/diese-erfindungen-waeren-albert-einstein-undenkbar/. Eingesehen am: 05.02.2019

7 Profil (2005): Psychologie: Das Geheimnis der Intuition. Warum »das Gefühl« lebenswichtig ist. Verfügbar unter: https://www.profil.at/home/psychologie-das-geheimnis-intuition-warum-das-gefuehl-118690. Eingesehen am: 05.02.2019

8 BR (ohne Datum): Im Traum zu großen Einsichten. Verfügbar unter: https://www.br.de/fernsehen/ard-alpha/sendungen/entdeckungen-grosser-forscher/kekule-august-102.html. Eingesehen am: 05.02.2019

9 Kadavy, D. (2018): »Yesterday« came to Paul McCartney in a dream. Was it a creative miracle? In: Getting Art Done. Verfügbar unter: https://medium.com/getting-art-done/yesterday-came-to-paul-mccartney-in-a-dream-was-it-a-creative-miracle-79839cb303fe. Eingesehen am: 05.02.2019

10 Forbes (2018): #21 Sara Blakely. Verfügbar unter: https://www.forbes.com/profile/sara-blakely/#497af90f76bb. Eingesehen am: 05.02.2019

11 Gourdreau, J. (2015): How a decade of rejection rocketed billionaire Spanx founder Sara Blakely to mega success. In: Business Insider. Verfügbar unter: https://www.businessinsider.com/how-rejection-helped-billionaire-spanx-founder-sara-blakely-2015-6?IR=T. Eingesehen am: 05.02.2019

12 Dillon, F. (2018): Ultimo founder Michelle Mone on how she went from ›having nothing‹ to creating €1bn of free PR and her new lingerie line. In: Business. Verfügbar unter: https://www.independent.ie/business/ultimo-founder-michelle-mone-on-how-she-went-from-having-nothing-to-creating-1bn-of-free-pr-and-her-new-lingerie-line-36476581.html. Eingesehen am: 05.02.2019

13 Brinded, L. (2015): The incredible rags-to-riches story of lingerie tycoon Michelle Mone. In: Business Insider. Verfügbar unter: https://www.businessinsider.com/michelle-mone-biography-and-picture-slideshow-of-ultimo-uk-entrepreneurship-leader-2015-4?IR=T#after-three-years-of-research-and-development-her-efforts-resulted-in-the-patented-ultimo-bra-12. Eingesehen am: 05.02.2019

Kapitel 5: An Fehlern wachsen

1 https://www.welt.de/vermischtes/article13851651/Fuenf-Dinge-die-Sterbende-am-meisten-bedauern.html

2 Blair, K. (2017): The Power of the Intuitive Mind: How Steve Jobs, Albert Einstein, and More Harnessed Their Intuition to Become Great. In: Finerminds. Verfügbar unter: https://www.finerminds.com/mind-power/intuitive-mind. Eingesehen am: 05.02.2019

3 Eigene Übersetzung nach: Medeiros, J. (2018): Here's Why Steve Jobs Said Intuition is Absolutely More Powerful Than Intellect. In: Goalcast. Verfügbar unter: https://www.goalcast.com/2018/06/26/steve-jobs-said-intuition-is-more-powerful-than-intellect/=. Eingesehen am: 05.02.2019

4 Umoh, R. (2018): Steve Jobs attributed his success to intuition — here's how to use yours. In: Make it. Verfürgbar unter: https://www.cnbc.com/2018/05/23/how-to-trust-your-intuition-like-apple-co-founder-steve-jobs.html. Eingesehen am: 05.02.2019

5 Im niederen Alpha- und Theta-Zustand: Cahn, B.R.; Polich, J. (2006): Meditation states and traits: EEG, ERP, and neuroimaging studies. In: Psychological Bulletin. 132 (2). S. 180–211. Verfügbar unter: doi:10.1037/0033-2909.132.2.180. PMID 16536641

6 Neuro Nation (ohne Datum): Wie Meditation unsere Aufmerksamkeit verbessert. Verfügbar unter: https://www.neuronation.de/science/wie-meditation-unsere-aufmerksamkeit-verbessert. Eingesehen am: 05.02.2019

7 BrainTap (2018): Study of meditation and brain waves in Buddhist monks confounds Wisconsin researchers. Verfügbar unter: https://braintaptech.com/study-of-meditation-and-brain-waves-in-buddhist-monks-confounds-wisconsin-researchers/. Eingesehen am: 05.02.2019

8 Davidson, A.J.; Lutz, A. (2008): Buddha's Brain: Neuroplasticity and Meditation. In: IEEE Signal Process Mag. 25(1). S. 176–174. Verfügbar unter: https://www.ncbi.nlm.nih.gov/pmc/articles/PMC2944261/

9 The Norwegian University of Science and Technology (2010): Brain waves and meditation. In: Science Daily. Verfügbar unter: https://www.sciencedaily.com/releases/2010/03/100319210631.htm

10 Überblick über die verschiedenen Arten der Meditation: Transzendente Meditation. Verfügbar unter: https://meditation.de/andere-meditation-anderer-effekt/

11 Transcendental Meditation (ohne Datum): What's the evidence? Verfügbar unter: https://www.tm.org/research-on-meditation. Eingesehen am: 05.02.2019

12 Kraft, U. (2010): Mönche in Magnetröhre. In: Süddeutsche.de. Verfügbar unter: https://www.sueddeutsche.de/wissen/neuro-experiment-moenche-in-der-magnetroehre-1.912829. Eingesehen am: 05.02.2019; Davidson, A.J.; Lutz, A.; Lawrence, L. et al. (2004): Long-term meditators self-induce high-amplitude gamma synchrony during mental practice. In: PNAS. 101 (46). S. 16369–16373

13 vgl. hierzu z.B. den Strukturalismus nach Claude Lévi-Strauss

14 Frankfurter Allgemeine (2015): Eskimos haben gar nicht die meisten Wörter für Schnee. Verfügbar unter: https://www.faz.net/aktuell/gesellschaft/schotten-haben-mehr-woerter-fuer-schnee-als-inuit-13819366.html. Eingesehen am: 05.02.2019

15 Facius, G. (2009): Übersetzungsfehler machte Maria zur Jungfrau. In: Welt.de. Verfügbar unter: https://www.welt.de/kultur/article3100214/Uebersetzungsfehler-machte-Maria-zur-Jungfrau.html. Eingesehen am: 05.02.2019

16 Gedankennahrung (2015): Gilt die 5-Personen-Regel eigentlich auch für fiktive Freunde? Von: Jonas. Verfügbar unter: http://gedankennahrung.de/gilt-die-5-personen-regel-eigentlich-auch-fuer-fiktive-freunde/. Eingesehen am: 05.02.2019

17 Gründer Ratgeber (ohne Datum): Gruendungsfinanzierung & Foerdermittel. Verfügbar unter: http://www.gruender-ratgeber.de/gruendungsfinanzierung.html. Eingesehen am: 05.02.2019

Kapitel 6: Gut mit sich selbst und anderen umgehen

1 Reinberger, S. (2011): Spieglein, Spieglein im Gehirn. In: Das Gehirn.info. Verfügbar unter: https://www.dasgehirn.info/denken/im-kopf-der-anderen/spieglein-spieglein-im-gehirn. Eingesehen am: 05.02.2019

2 Profil (2005): Psychologie: Das Geheimnis der Intuition. Warum »das Gefühl« lebenswichtig ist. Verfügbar unter: https://www.profil.at/home/psychologie-das-geheimnis-intuition-warum-das-gefuehl-118690. Eingesehen am: 05.02.2019

3 Gesundheitsstadt Berlin (2018): Autismus: Sind defekte Spiegelneurone schuld? Verfügbar unter: https://www.gesundheitsstadt-berlin.de/autismus-sind-defekte-spiegelneurone-schuld-12850/. Eingesehen am: 05.02.2019; ntv Wissen (2010): Es gibt sie wirklich. Spiegelneuronen bewiesen. Verfügbar unter: https://www.n-tv.de/wissen/Spiegelneuronen-bewiesen-article831048.html. Eingesehen am: 05.02.2019

4 Pohl, A.; Anders, S.; Chen, H. et al. (2017): Impaired Emotional Mirroring in Parkinson's Disease—A Study on Brain Activation during Processing of Facial Expressions. In: Front Neurol. 8. S. 682. Verfügbar unter: https://www.ncbi.nlm.nih.gov/pmc/articles/PMC5741645/. Eingesehen am: 05.02.2019

5 Focus Online (2011): Gähnen. Umso ansteckender, je verbundener wir sind. Verfügbar unter: https://www.focus.de/gesundheit/ratgeber/psychologie/news/gaehnen-umso-ansteckender-je-verbundener-wir-sind_aid_692004.html. Eingesehen am: 05.02.2019

6 https://www.naturheilmagazin.de/natuerlich-leben/koerper-seele-geist/die-geheime-sucht-nach-stress.html

7 De Waal, F. (2017): The surprising science of alpha- males. In: TEDMED. November. Verfügbar unter: https://www.ted.com/talks/frans_de_waal_the_surprising_science_of_alpha_males?utm_campaign=social&utm_medium=referral&utm_source=facebook.com&utm_content=talk&utm_term=science#t-904935. Eingesehen am: 18.01.2019

8 Forbes (2018): #1 Jeff Bezos. Verfügbar unter: https://www.forbes.com/profile/jeff-bezos/?list=rtb. Eingesehen am: 05.02.2019

9 Forbes (2018): #2 Bill Gates. Verfügbar unter: https://www.forbes.com/profile/bill-gates/?list=rtb#26cdc141689f. Eingesehen am: 05.02.2019

Kapitel 7: Folgen Sie Ihrer Freude!

1 Kratzer, A. (2019): Erziehung für den Führer. In: Spektrum.de. Verfügbar unter: https://www.spektrum.de/news/paedagogik-die-folgen-der-ns-erziehung/1555862?fbclid=IwAR0RsGiZ1mUCKe998AcLYaIVT8zGuRG_CsRKFMScKEU588HJPsFa4ov-61o). Eingesehen am: 05.02.2019

Kapitel 8: Nutzen Sie Ihre volle Weisheit!

1 Oprah.com (2011): 5 Women Whose Hunches Changed—or Saved—Their Lives. Verfügbar unter: http://www.oprah.com/spirit/how-a-hunch-can-save-your-life-women-and-intuition. Eingesehen am: 05.02.2019

2 Oprah.com (2011): 5 Women Whose Hunches Changed—or Saved—Their Lives. Verfügbar unter: http://www.oprah.com/spirit/how-a-hunch-can-save-your-life-women-and-intuition. Eingesehen am: 05.02.2019

3 Paul Watzlawick.de (ohne Datum): Die Axiome von Paul Watzlawick. Verfügbar unter: https://www.paulwatzlawick.de/axiome.html. Eingesehen am: 05.02.2019

4 Lexikon der Gestalttherapie (2017): Stichwort: Kontakt. Verfügbar unter: http://www.gestalttherapie-lexikon.de/kontakt.htm. Eingesehen am: 05.02.2019

5 Hartl, T. (2016): Körperkontakt: Jeder Mensch braucht Berührung. In: Forum Gesundheit. Verfügbar unter: https://www.forumgesundheit.at/cdscontent/?contentid=10007.767656. Eingesehen am: 05.02.2019

Kapitel 9: Werden Sie Ihres Glückes Schmied!

1 Huffpost (2011): Neuroscience of why gratitude makes us healthier. Verfürgbar unter: https://www.huffpost.com/entry/having-gratitude_b_1073105. Eingesehen am: 05.02.2019

2 Korb, A. (2012): The Grateful Brain. The neuroscience of giving thanks. In: Psychology Today. Verfügbar unter: https://www.psychologytoday.com/intl/blog/prefrontal-nudity/201211/the-grateful-brain. Eingesehen am: 05.02.2019

3 Spiegel Online (2007): Die Macht des Unbewussten. Verfügbar unter: http://www.spiegel.de/wissenschaft/mensch/intuition-die-macht-des-unbewussten-a-479900-2.html. Eingesehen am: 05.02.2019

4 Manpower Group (ohne Datum): GigResponsibly . The Rise of NextGen Work. Verfügbar unter: https://www.manpowergroup.de/fileadmin/manpowergroup.de/Download/GigResponsibly.pdf

5 Gallup (ohne Datum): Engagement Index Deutschland. Verfügbar unter: https://www.gallup.de/183104/engagement-index-deutschland.aspx. Eingesehen am: 05.02.2019

6 O'Keefe, P.; Dweck, C.; Walton, G. et al. (2018): Implicit Theories of Interest: Finding Your Passion or Developing It? Verfügbar unter: http://gregorywalton-stanford.weebly.com/uploads/4/9/4/4/49448111/okeefedweckwalton_2018.pdf.

7 Bindl, M.; Bodenbender, A.; Schwindt, D. (2011): Moralische Entwicklung. Verfügbar unter: http://www.psy.lmu.de/epp/studium_lehre/lehrmaterialien/lehrmaterial_ss10/wintersemester1011/meinhardt_kuehn_ws10/01_02_11_morale_h.pdf.

Kapitel 10: Vertrauen Sie sich selbst!

1 Guldner, J. (2016): Wann wir auf unser Bauchgefühl hören sollten. In: Wirtschaftswoche. Verfügbar unter: https://www.wiwo.de/erfolg/trends/intuition-das-dilemma-der-intuition/13540676-3.html. Eingesehen am: 05.02.2019

2 Van Schneider, T. (2015): A Story On Trusting My Gut. In: Desk of van Schneider. Verfügbar unter: https://medium.com/desk-of-van-schneider/trust-your-gut-2bfca5a67a6b. Eingesehen am: 05.02.2019

3 V*ita Caesaris*, chapters 19–24, recounts Caesar's assassination; extracts are quoted in »The Assassination of Julius Caesar, 44 BC«. *EyeWitness to History*. Retrieved 9 November 2005. For an assessment of Nicolaus and his sources see Sihler, E.G. *Annals of Caesar: A Critical Biography with a Survey of the Sources* (New York : G. E. Stechert, 1911), pp. 293–4

4 Oprah.com (2011): Great Moments in Intuition: A Timeline From Aristotle to amateur baking, here's a history of following that gut feeling. Verfügbar unter: http://www.oprah.com/spirit/a-history-of-intuition-intuition-timeline/all. Eingesehen am: 06.02.2019

5 Beyond I am (2015): Amazing Examples of Intuition. Rob. Verfügbar unter: http://beyondiam.com/examples-of-intuition/. Eingesehen am: 06.02.2019

6 Udasin, S. (2015): ›Everyone was thankful that we didn't take off with that plane‹. In: Jerusalem Post. Verfügbar unter: https://www.jpost.com/Israel-News/Everyone-was-thankful-that-we-didnt-take-off-with-that-plane-398343. Eingesehen am: 06.02.2019

7 Tank, A. (2018): Entrepreneurial sixth sense: how intuition drives stronger decision making. In: JotForm. Verfügbar unter: https://www.jotform.com/blog/intuitive-decision-making/. Eingesehen am: 06.02.2019

8 Bonnell, S. (2018): 4 Leaders Who Won by Following Their Instincts (Despite Being Told They Were Crazy). In: Inc. Verfügbar unter: https://www.inc.com/sunny-bonnell/how-to-follow-your-instincts-in-business-even-when-people-say-youre-crazy.html. Eingesehen am: 06.02.2019

9 Tank, A. (2018): Entrepreneurial sixth sense: how intuition drives stronger decision making. In: JotForm. Verfügbar unter: https://www.jotform.com/blog/intuitive-decision-making/. Eingesehen am: 06.02.2019

10 Hyman, V. (2010): Pillsbury Bakeoff winner: New Jersey woman wins $1 million for mini ice cream cookie cups. In: True Jersey.com. Verfügbar unter: https://www.nj.com/homegarden/index.ssf/2010/04/pillsbury_bakeoff_winner_new_j.html. Eingesehen am: 06.02.2019

11 Nilsson, J. (2014): Why Did Henry Ford Double His Minimum Wage? In: Saturday Evening Post. Verfügbar unter: https://www.saturdayeveningpost.com/2014/01/ford-doubles-minimum-wage/. Eingesehen am: 06.02.2019.

12 Bonnell, S. (2018): 4 Leaders Who Won by Following Their Instincts (Despite Being Told They Were Crazy). In: Inc. Verfügbar unter: https://www.inc.com/sunny-bonnell/how-to-follow-your-instincts-in-business-even-when-people-say-youre-crazy.html. Eingesehen am: 06.02.2019

13 McCain, J.; Salter, M. (2007): Hard Call. The Art of Great Decisions. Hachette Book Group.

14 Bonnell, S. (2018): 4 Leaders Who Won by Following Their Instincts (Despite Being Told They Were Crazy). In: Inc. Verfügbar unter: https://www.inc.com/sunny-bonnell/how-to-follow-your-instincts-in-business-even-when-people-say-youre-crazy.html. Eingesehen am: 06.02.2019

15 Romos, K.L. (2017): 9 Late Bloomer Success Stories Who Prove It's Never Too Late to Achieve Your Dreams. In: Mission.org. Verfügbar unter: https://medium.com/the-mission/9-late-bloomer-success-stories-who-prove-its-never-too-late-to-achieve-your-dreams-b036688da6f. Eingesehen am: 06.02.2019

16 Year on Team (2015): Failure. Rejection. Success: The J. K. Rowling Story. In: Year On. Verfügbar unter: https://www.yearon.com/blog/jk-rowling-failure. Eingesehen am: 06.02.2019

17 Ward, T. (2016): How J.K. Rowling Rose To Success And How You Can Too. In: Forbes. Verfügbar unter: https://www.forbes.com/sites/tomward/2016/08/17/how-j-k-rowling-rose-to-success-and-how-you-can-too/#314c95503d83. Eingesehen am: 06.02.2019

18 Gillett, R. (2015): From welfare to one of the world's wealthiest women — the incredible rags-to-riches story of J.K. Rowling. In: Business Insider Deutschland. Verfügbar unter: https://www.businessinsider.de/the-rags-to-riches-story-of-jk-rowling-2015-5?r=US&IR=T. Eingesehen am: 06.02.2019

19 MacQuarrie, A. (2015): Overcoming Obstacles: Hard Work and Persistence Paid Off For Walt Disney. In: Learning Liftoff. Verfügbar unter: https://www.learningliftoff.com/overcoming-obstacles-hard-work-and-persistence-paid-off-for-walt-disney/. Eingesehen am: 06.02.2019

20 Forbes (2018): #388 Richard Branson. Verfügbar unter: https://www.forbes.com/profile/richard-branson/#24360d3e6ff5. Eingesehen am: 06.02.2019

21 Neilpatel (ohne Datum): Business Lessons From Mega-Entrepreneur Richard Branson. Verfügbar unter: https://neilpatel.com/blog/mega-entrepreneur-richard-branson/. Eingesehen am: 06.02.2019; Price, D. (2018): The Surprising Trait That Makes Richard Branson So Successful And How To Develop It. In: Inc. Verfügbar unter: https://www.inc.com/dom-price/forget-brainstorming-think-like-richard-branson-with-this-creativity-hack.html. Eingesehen am: 06.02.2019

22 Rand, D.G.; Greene, J.D.; Nowak, M.A. (2012): Spontaneous giving and calculated greed. In: Nature. 489. S. 427–430. Verfügbar unter: http://decisionlab.harvard.edu/_content/research/papers/Greene_Rand_and_Nowak_Spontaneous_Giving_Calculated_Greed.pdf.

23 Weber, S. (2013): Nutzen Sie die Intuition. In: Zeit Online. Verfügbar unter: https://www.zeit.de/2013/45/intuition-entscheidungen-karriere/komplettansicht. Eingesehen am: 06.02.2019

24 Statista (2006): Haben Sie Angst, Ihren Arbeitsplatz zu verlieren oder keinen Ausbildungsplatz zu finden? Verfügbar unter: https://de.statista.com/statistik/daten/studie/176971/umfrage/angst-vor-arbeitsplatzverlust-vergeblicher-ausbildungsplatzsuche/. Eingesehen am: 06.02.2019

25 Brands, R.; Fernandez-Mateo, I. (2017): Women Are Less Likely to Apply for Executive Roles If They've Been Rejected Before. In: Harvard Business Review. Verfügbar unter: https://hbr.org/2017/02/women-are-less-likely-to-apply-for-executive-roles-if-theyve-been-rejected-before. Eingesehen am: 06.02.2019

26 Artz, B.; Goodall, A.; Oswald, A.J. (2018): Research: Women Ask for Raises as Often as Men, but Are Less Likely to Get Them. In: Harvard Business Review. Verfügbar unter: https://hbr.org/2018/06/research-women-ask-for-raises-as-often-as-men-but-are-less-likely-to-get-them. Eingesehen am: 06.02.2019. https://hbr.org/2018/06/research-women-ask-for-raises-as-often-as-men-but-are-less-likely-to-get-them

27 Auerbach, B. (2017): Business Lessons From Ray Kroc »The Founder« – McDonald's Story. In: Forbes. Verfügbar unter: https://www.forbes.com/sites/bradauerbach/2017/01/20/business-lessons-from-ray-kroc-the-founder-mcdonalds-story/#4f051bf23534, http://www.oprah.com/spirit/a-history-of-intuition-intuition---timeline/all. Eingesehen am: 06.02.2019

28 ManpowerGroup (2014): Quick Survey: Jobzufriedenheit 2014. Verfügbar unter: https://www.manpower.de/fileadmin/manpower.de/Download/MPG_Studienergebnisse_Jobzufriedenheit_CSR_Weiterbildung_2014.pdf. Eingesehen am: 06.02.2019

29 Klöckner, L. (2014): So gelingt der Start in ein neues Leben. In: Stern. Verfügbar unter: https://www.stern.de/panorama/wissen/mut-zur-veraenderung-so-gelingt-der-start-in-ein-neues-leben-3624518.html. Eingesehen am: 05.02.2019

Kapitel 11: Feiern Sie die Veränderung!

1 Techniker Krankenkasse (2016): Entspann dich, Deutschland. TK-Stressstudie 2016. Verfügbar unter: https://www.tk.de/resource/blob/2026630/9154e4c71766c410dc859916aa798217/tk-stressstudie-2016-data.pdf. Eingesehen am: 06.02.2019

2 Robert Betz. Transformation (ohne Datum): Mut zu Veränderung tut gut. Bewege dich zu neuen Ufern, Mensch, denn das Leben bleibt nie stehen. Verfügbar unter: https://robert-betz.com/mediathek/robert-betz-in-den-medien/artikel-von-robert-betz/mut-zur-veraenderung-tut-gut. Eingesehen am: 06.02.2019

3 Schnurr, E.-M. (2013): Persönlichkeitsentwicklung. Das Leben ist eine Baustelle. In: Spiegel Online. Verfügbar unter: http://www.spiegel.de/karriere/persoenlichkeitsentwicklung-wie-sich-der-mensch-mit-der-zeit-veraendert-a-915309.html. Eingesehen am: 06.02.2019

4 Imas international Report (2018): Sinn im Beruf? Bewertung der aktuellen Arbeitswelt: Motive für Berufswahl, Zufriedenheit und Drive. Nr. 14. Verfügbar unter: http://imas.at/images/imas-report/2018/14_Arbeitssinn.pdf. Eingesehen am: 06.02.2019

5 Wickop, M. (2017): Ein Mann, ein Wort – eine Frau, ein Wörterbuch. Mythos oder Realität? In: Forschung Erleben. Verfügbar unter: http://www.forschung-erleben.uni-mannheim.de/node/22. Eingesehen am: 06.02.2019